学习践行
新时代治水思路
系统治理

水利部发展研究中心 编著

中国水利水电出版社
www.waterpub.com.cn
·北京·

内 容 提 要

系统治理是解决我国复杂水问题的重要思想方法。开展水治理，要求我们立足生态系统的整体性，系统研究水资源和其他自然生态要素的共生关系，提出系统解决水问题的方案。本书作为学习践行习近平总书记"节水优先、空间均衡、系统治理、两手发力"治水思路之系统治理的阶段性成果，介绍了编写组对"系统治理"的一些理解和认识，总结了地方推进系统治理的有益经验。

本书可作为广大水利工作者的参考用书，也可供密切关心水利工作的社会大众阅读。

图书在版编目（ＣＩＰ）数据

学习践行新时代治水思路：系统治理 / 水利部发展研究中心编著. -- 北京：中国水利水电出版社，2023.12
ISBN 978-7-5226-1866-1

Ⅰ. ①学… Ⅱ. ①水… Ⅲ. ①水利建设－研究－中国 Ⅳ. ①F426.9

中国国家版本馆CIP数据核字(2023)第200402号

书　　名	学习践行新时代治水思路——系统治理 XUEXI JIANXING XINSHIDAI ZHISHUI SILU ——XITONG ZHILI
作　　者	水利部发展研究中心　编著
出版发行	中国水利水电出版社 （北京市海淀区玉渊潭南路1号D座　100038） 网址：www.waterpub.com.cn E-mail：sales@mwr.gov.cn 电话：（010）68545888（营销中心）
经　　售	北京科水图书销售有限公司 电话：（010）68545874、63202643 全国各地新华书店和相关出版物销售网点
排　　版	中国水利水电出版社微机排版中心
印　　刷	天津嘉恒印务有限公司
规　　格	170mm×240mm　16开本　14.5印张　168千字
版　　次	2023年12月第1版　2023年12月第1次印刷
印　　数	0001—1000册
定　　价	**118.00元**

本 书 编 委 会

主　任：陈茂山　吴浓娣

副主任：王建平　刘定湘　夏　朋

委　员：杨　研　耿思敏　樊　霖　郭姝姝
　　　　李　佼　孙　嘉　徐国印　陈　琛

前　言

　　水是生存之本、文明之源、生态之基。随着我国经济社会的不断发展，水安全中的老问题尚未完全解决的同时，新问题也越来越突出、越来越紧迫。老问题，主要是指地理气候环境决定的水时空分布不均以及由此带来的水灾害；新问题，主要是指水资源短缺、水生态损害、水环境污染。新老水问题相互交织，给我国治水工作赋予了全新内涵、提出了崭新课题。进入新发展阶段，保障水安全关键要坚持习近平总书记"节水优先、空间均衡、系统治理、两手发力"治水思路，遵循生态系统的内在规律，坚持系统观念，从生态系统整体性和流域系统性出发，推进山水林田湖草沙一体化保护和修复，以问题为导向，追根溯源，更加注重综合治理、系统治理、源头治理，统筹做好水灾害防治、水资源节约、水生态保护修复和水环境治理。

　　多年来，水利部发展研究中心坚持"以学促研""以研促学"，从理论学习和实践探索两方面入手，持续深入推进"节水优先、空间均衡、系统治理、两手发力"治水思路学习研究，形成了系列成果。本书汇总的是"系统治理"的相关成果，分"学习领会篇"和"实践探索篇"。"学习领会篇"从学习领会系统治理内涵出发，立足不同视角，编录了8篇学习心得体会。"实践探索篇"统筹岸上与岸下、治水与治山、治水与治林、治水与产业转型，开展以"案"说"法"，调查分析了8个国内案例与1个国外案例，总结了推进系统治理的有益经验。

本书在编写过程中得到了浙江省水利厅、金华市水利局、赣州市水利局、赣州市水土保持中心、十堰市南水北调水源区保护中心、长沙县水利局、浦江县水务局、浦江县河湖管理中心、天台县水利局、天台县塔后村委员会等单位领导和专家的大力支持，在此表示衷心感谢！

本书是学习践行习近平总书记"节水优先、空间均衡、系统治理、两手发力"治水思路之系统治理的阶段性成果，由于时间和水平有限，疏漏和错误之处在所难免，敬请批评指正。

本书编委会

2023 年 7 月

目　录

学习领会篇

1

系统治理
——山水林田湖草沙是一个生命共同体

【编者导读】

　　本篇深入阐述了对系统治理丰富内涵的学习领会。山水林田湖草沙是一个生命共同体，系统治水不能就水论水，要求统筹山水林田湖草沙的治理；要求统筹各方形成合力，不能单打独斗；要求统筹水的全过程治理，不能只局限于某一个环节或者领域；要求综合运用多种治理手段，不能只注重工程或者技术措施；要求始终站在经济社会发展全局，准确把握山水林田湖草沙系统治理的新要求，针对水利在系统治理方面存在的主要差距、突出问题及薄弱环节，运用系统论的思想和方法统筹推进各项工作。

山水林田湖草沙是不可分割的生态系统，是各种自然要素相互依存而实现循环的自然链条。保障水安全，关键要转变治水思路，按照"节水优先、空间均衡、系统治理、两手发力"治水思路治水，统筹山水林田湖草沙，统筹自然生态的各要素，不能就水论水。要用系统论的思想看问题，统筹兼顾、整体施策、多措并举，统筹治水和治山、治水和治林、治水和治田、治山和治草、治水和治沙等，全方位、全地域、全过程开展山水林田湖草沙"系统治理"。

1.1 准确把握"系统治理"的丰富内涵

1.1.1 从对象看，要统筹山水林田湖草沙治理

生态是统一的自然系统，是各种自然要素相互依存而实现循环的自然链条。山水林田湖草沙是一个生命共同体，人的命脉在田，田的命脉在水，水的命脉在山，山的命脉在土，土的命脉在林和草。从最初的"山水林田湖是一个生命共同体"到当前的"山水林田湖草沙是一个生命共同体"，更进一步阐释了水资源与其他自然生态要素之间唇齿相依的共生关系。山是流域水资源与降雨径流的主源地，治水就应做好山区水源涵养；森林素有"绿色水库"之称，不仅能涵养水源，调节河川径流，而且能防止水土流失，保护土地资源；

草是先锋植物，素有"地球皮肤"的美称，不仅能固沙保土，而且可为林木的生长创造条件；农田是天然透水性土地，深耕深松以土蓄水，是保护水资源的重要途径；湖泊是水资源的重要载体，是调蓄洪水的主要水域空间，保护水域也就是保护水资源之"本"；水沙关系是反映河流径流和泥沙匹配关系的重要指标。古今中外都有大量的案例告诉我们，开展水治理，应遵循生态系统的整体性，深入研究山水林田湖草沙的共生关系，提出系统治理方案。埃及是一个曾创造了人类灿烂文明的古国，但古埃及为扩大耕地、冶炼金属等，滥伐森林、开垦草原，植被破坏后，造成严重的水土流失和土地沙化，最终只剩雄伟的金字塔孤零零地屹立于沙漠中。

1.1.2 从内容看，要统筹做好水环境、水生态、水资源、水安全、水文化等各项工作

随着经济社会的不断发展，我国水安全呈现出新的阶段性特征，面临新的挑战，水安全中的老问题尚未完全解决的同时，新问题也越来越突出、越来越紧迫。老问题，主要是地理气候环境决定的水时空分布不均以及由此带来的水灾害；新问题，主要是指水资源短缺、水生态损害、水环境污染。新老水问题相互交织、相互影响、相互联系，给我国治水工作赋予了全新内涵、提出了崭新课题。解决新老水问题，保障水安全，就要准确把握新老水问题的共性和个性、问题和原因之间的关系，统筹考虑水环境、水生态、水资源、水安全、水文化等多方面的有机联系，统筹做好水灾害防治、水资源节约、水生态保护修复和水环境治理，持续满足人民群众日益增长的防洪保安全、优质水资源、健康水生态、宜居水环境、先进水文化需求。

1.1.3 从主体看，要统筹各方形成合力

形成今天水安全严峻形势的因素有很多，根子上是由于长期以来对经济规律、自然规律、生态规律认识不够，把握失当。因此，推进水治理，解决新老水问题，既要系统考虑水的流域性、系统性、循环性等自然属性，更要深刻认识其经济性、准公共物品性、多用途性等社会属性，将水问题摆放在经济社会发展和生态文明建设全局中予以解决。如果种树的只管种树、治水的只管治水、护田的单纯护田，就很容易顾此失彼。所以，除了将单一要素、单一部门的一元治理调整为多要素、多部门的综合整治外，还要考虑社会经济等因素，破除行政边界和部门职能等体制机制影响，促进各部门间实现资源共享、优势互补、协同推进[①]。如农业水价综合改革是我国促进农业节水，以市场机制解决用水浪费的一个重大举措，从试点到全面推广，不仅需要政府及有关部门的合力推动，还需要中央与地方的上下联动，更需要农民用水户协会、农民等用水组织和用水主体的协同参与。

1.1.4 从环节看，要统筹水的全过程治理

治水包括开发利用、治理配置、节约保护等多个环节。系统治理就是要善用系统思维统筹水的全过程治理，贯穿治水的各个环节，并分清主次，明晰因果，找出症结所在。既要合理开发水资源，也要注重水资源高效利用；既要重视源头预防，也要重视用水过程管控，还要重视末端治理。如甘肃、河北等北方地区是严重缺水地区，

---

① 全国干部培训教材编审指导委员会. 推进生态文明建设美丽中国 [M]. 北京：人民出版社，2019:132–139.

既要加强农业供水、取水管控，严格落实农业取水许可和定额管理，也要强化用水环节的管理，注重发展规模经济和高效节水灌溉。只有这样，才能保证用更少的农业用水获得更高的经济效益和社会效益。再如水污染治理，既要严格入河排污许可和排污标准，强化源头控制；也要实施节水技术改造，统筹推进各行业节水，减少污水排放；还要开展污水处理回用，加强末端治理。通过水的全过程治理，加快转变用水方式，促进发展方式转变，推动整个社会形成有利于可持续发展的经济结构、生产方式、消费模式。

1.1.5 从方法看，要综合运用多种治理手段

山水林田湖草沙是一个生命共同体，要统筹兼顾、整体施策。历史上，人对自然的认识和改造十分有限，治水主要是防止水对人的伤害，而人的任务主要是改变自然和征服自然，治水方法也主要局限于工程与技术措施，这个过程反映的是人与自然的关系。进入现代，人对江河湖泊等自然规律的认识更加深刻和全面，不仅治水能力大幅提升，对水的需求也由基本需求向高端需求迈进；不仅要防止水对人的伤害，更要防止人对水的破坏。此时，治水的重心是调整人的行为、纠正人的错误行为，需要综合运用多种措施加以调整，这个过程反映的是人与人之间的社会关系。因此，推进山水林田湖草沙系统治理，必须将工程与非工程措施并举，统筹解决水问题。如通过"大动脉"与"毛细血管"并重，连通骨干引调水工程与田间输水工程，优化水资源配置格局，解决工程性缺水问题；通过取水许可、排污许可或其他行政命令，强制用水单位履行必要义务，严格规范取用水和排水行为；通过工业节水技术改造、高效节

水灌溉和生物农艺技术、节水器具推广等措施，提高用水效率，减少污水排放；通过实施水权交易、排污权交易以及水价杠杆等经济手段，以市场机制解决水资源短缺、水环境污染等问题；通过追究违法行为人的民事、行政和刑事法律责任，惩罚破坏水资源、水环境、水生态等违法行为；通过加大宣传引导力度，营造良好的社会氛围，培育并提高公众节水洁水意识。

1.2　充分认识"系统治理"的重要性和必要性

水与社会、经济、生态环境等系统是相互作用、相互依赖、相互制约的有机整体。随着人口增长和经济社会快速发展，我国正面临着水资源短缺、水生态损害、水环境污染和水灾害严重等新老水问题。造成这些问题的根源既有自然因素，也有历史原因，更有人类活动的影响，要想通过良治实现水资源的可持续利用，就必须运用系统论方法寻求科学有效的水治理之道。

1.2.1　水资源的战略地位，要求从全局角度把握水与经济社会发展的关系

水是生存之本、文明之源、生态之基。水利是现代农业建设不可或缺的首要条件，是经济社会发展不可替代的基础支撑，是生态环境改善不可分割的保障系统。兴水利、除水害，事关人类生存、经济发展、社会进步。

我国水安全已全面亮起红灯，高分贝的警讯已经发出，部分区域已出现水危机。河川之危、水源之危是生存环境之危、民族存续

之危。水已经成为我国严重短缺的产品，成为制约环境的主要因素，成为经济社会发展面临的严重安全问题。形成今天水安全严峻形势的因素很多，根子上是由于长期以来对经济规律、自然规律、生态规律认识不够，把握失当，没有看到水资源、水生态、水环境承载能力的有限性。因此，在水治理过程中，我们不能简单地就水论水，仅将水问题看成是一种水资源短缺、水环境污染、水生态损害现象或者专业问题，而应立足水资源的战略地位，准确把握水与自然生态、经济社会之间的紧密联系。不仅要系统考虑水资源的流动性、循环性、系统性等自然属性，从全流域的角度统筹考虑水治理，而且要系统把握水资源的社会属性和商品属性等，充分认识到水资源作为稀缺资源，对人类社会的发展乃至生存有着十分重要的影响。在对待水问题时，要着眼经济社会发展全局，通盘考虑、系统解决。

1.2.2 新老水问题相互交织，要求系统把握各类水问题之间的关联性

当前，我国新老水问题相互交织，给治水赋予了全新内涵、提出了崭新课题，对水治理体系和能力提出了更高要求。我国水资源供需矛盾突出，目前全国年缺水量达到450亿立方米，400多座城市缺水。水污染问题突出，全国30%左右的河湖被严重污染，淮河、海河、太湖、滇池等水质尤差，水污染已由地表水延伸到地下水，并呈现由浅层向深层蔓延的趋势。不少地区经济社会发展挤占生态用水，导致河道断流现象严重，湖泊湿地等敏感水域面积减少。全国面积大于10平方千米的696个湖泊中，目前有1/3的湖泊出现萎缩，面积减少约18%；天然陆域湿地面积减少28%。全国有21

个省（自治区、直辖市）存在不同程度的地下水超采问题，地下水超采区面积约 29 万平方千米，造成地面沉降、海水入侵等严重生态问题。此外，我国自然禀赋条件决定了水土流失量大面广、局部地区严重的状况没有改变，水土流失防治任务依然艰巨，全国仍有 260 多万平方千米水土流失面积，除不需要或者难以治理的区域外，应治理的水土流失面积有 140 多万平方千米，按照现在每年治理 6 万多平方千米左右计算，还需要 20 多年才能完成治理。[①]

在实践中，水资源短缺、水环境污染、水生态损害等往往不是以单一形式进行的，而是相互影响、相互叠加的。水环境污染不仅降低一个流域、一个地区水域的净化能力，更会减少流域、区域水资源的可利用量，加剧水资源供需矛盾；反过来，水资源短缺又会加剧水质下降和水环境污染，造成水土流失，更易引发暴雨洪水。更为严重的是，水资源短缺、水环境污染达到临界点时就有可能突破一个流域或区域水资源承载能力的极限，影响生态系统良性运行。因此，面对日益复杂的水问题，应以系统思维统筹把握其特点与联系，坚持水量、水质、水生态保护并重。

1.2.3 水资源的流域特性，要求以流域为单元实行系统治理

流域是以水为媒介，由水、土、大气等自然要素和人口、社会、经济等人文要素相互关联、相互作用而共同构成的"自然—社会—经济"复合系统。在流域系统内部，任何一个区域子系统的变化或局部调整均将不可避免地对整个流域产生重要影响。上游水环境污

---

① 水利部编写组.深入学习贯彻习近平关于治水的重要论述 [M].北京：人民出版社，2023：50–57.

染将直接损害下游地区水的质与量，上游任意破坏水资源或者向下游肆意排污，不仅危害下游，最终还会殃及整个流域。

解决水供给问题，必须要统筹上下游、左右岸、地上地下、城市和乡村。一些地区为了自身发展，过度开发水资源，切断下游地区地下水的补充水源，造成下游断流、地下水超采，形成地下漏斗、地面沉降。长此以往，必然导致耕地荒芜、城市塌陷。水资源的流域循环特性决定了治水要以流域为单元实行系统治理，这是实现水资源、环境与经济社会协调发展的最佳途径。

在水治理过程中应充分认识到，无论是地表水还是地下水，都是一个有机的系统整体，把某一个水源地、一个含水层视为孤立的单元进行开发利用，是导致各种水问题的主要原因之一。治水应系统把握水资源的流域特性，不能头痛医头、脚痛医脚，不能人为地按地区或城乡界限予以简单物理分割，而应按流域或自然单元进行开发利用，统筹兼顾流域和区域、左右岸、上下游、地表水和地下水之间的联系，强化流域统一规划、统一治理、统一调度、统一管理，促进人水和谐共生，加快打造幸福河湖。

1.2.4 系统治理是解决我国水问题的现实选择

从实践经验看，早在公元前三世纪，战国时期李冰父子设计修建的都江堰工程就蕴含着严谨的整体观念以及建设与管理并重的系统思维。通过开凿玉垒山，解决水患；通过筑分水堰，把岷江水流分为内江和外江两股水道，一方面引水减灾，根治水害，另一方面引水灌溉，解决干旱问题，改变了旱涝频繁的成都平原，使其成为天府之国最核心的富饶之地。如今，浙江的"五水共治"同样秉承

"系统治理"思想。2013年，浙江省要求以治污水、防洪水、排涝水、保供水、抓节水为突破口，倒逼经济社会发展转型升级，这既是对水问题的系统把握，也是对用水全过程的管控，更是对水与经济社会发展关系的宏观统筹。通过"五水共治"，逐渐实现了浙江省经济社会发展和环境质量平衡发展的绿色之变。

从历史教训看，从前苏联的黑土地流失[①]到我国华北地区的地下水超采，均是未能统筹把握好经济社会发展与水资源承载能力之间的关系，影响了地区经济社会的可持续发展，有违"系统治理"的典型例证。再如洞庭湖20世纪90年代多次出现的长时间高洪水位和近些年出现的枯季缺水，与我们没有遵循客观规律、给洪水以出路，以及没有系统把握水、田等因素之间的关系存在紧密联系。据《水经注》的记载推算，魏晋南北朝时期的洞庭湖总面积达到6000平方千米左右。但是，由于人类围湖造田等开发活动影响，到1896年，洞庭湖面积减少到约5400平方千米，1932年减少到约4700平方千米，1949年再次减少到约4300平方千米[②]，到20世纪90年代末，据测算，洞庭湖湖面面积只剩下2500多平方千米。加上湖盆逐渐倾斜，洞庭湖陷入了"洪水装不下、枯水留不住"的尴尬困局。2022年8—9月，洞庭湖出现了长江流域1961年以来的罕见大旱，城陵矶水位一度跌破20米大关，让曾经壮美的洞庭湖在短短的1个月内发生了巨变，湖面水位骤降，水域面积急剧萎缩，

---

① 苏联长期以来一直实行农业粗放经营方针，即主要靠扩大种植面积的办法发展农业。黑土区是苏联最重要的粮食生产基地，在20世纪二三十年代，由于过度毁草开荒、破坏地表植被，水土流失严重，发生了破坏性极强的"黑风暴"。

② 李跃龙.洞庭湖的演变.开发和治理简史03湖泊演变[J].中国会议，2014（6）：60-85.

导致鱼类大面积死亡，河床变成草原。

古今中外的治水实践表明，水作为生态环境的控制性要素，在山水林田湖草生态系统中处于核心地位，水循环及其伴生的物质、能量和信息流动，串联了山、林、田、湖、草和沙等要素，形成了流域生命共同体。可以说，水对于生态系统的重要性，就如同血液之于人体，是一切生命活动存在的根本。因此，现代水治理，必须运用系统思维，准确把握山水林田湖草沙的共生关系，深刻认识水资源水生态水环境承载能力，统筹考虑防洪、供水、灌溉、生态等多种需求，优化工程系统、调节江河系统、约束社会系统，实现水资源开发利用、水污染防治、水生态保护和水旱灾害防御协同推进。

1.3　正确认识目前水利在"系统治理"方面的主要差距

系统治理是一个动态发展的过程，与新时代新要求相比，目前水利在"系统治理"方面还存在不少差距。

1.3.1　在水治理的全局关系把握方面存在差距

水资源作为基础性的自然资源和战略性的经济资源，事关经济社会发展全局。在过去很长一段时期内，受多种因素影响，我国在经济社会发展布局与水资源承载能力关系的系统把握方面还存在一些不足。一些缺水地区偏重于 GDP 的发展，布局了许多高耗水或者高污染项目，而忽视了水资源的承载能力，不仅破坏了当地水资源和水环境，而且影响了经济社会的可持续发展；过去更多注重水供给端保障，而需求端的管理措施不够有力，考虑不够周全；部分地区经济社会发展布局未充分考虑水资源的承载能力，传统粗放灌溉农业依然占比不低；华北地区担负着保障国家粮食安全的重任，农业灌溉用水量大，是用水大户，由于地表水资源严重匮乏，农业用水严重依赖地下水，且用水方式比较粗放，导致了今天的地下水超采等问题。

1.3.2　在水问题的系统治理方法方面存在差距

新老水问题各具特点，需要以系统思维综合运用多种方法予以解决，但是在治水实践中还存在一些差距。如在水灾害应对方面，我国虽然形成了一套比较完整的工程体系和非工程体系，但在雨洪资源利用方面还缺乏通盘考虑；在水资源短缺应对方面，部分地方更多依靠外调水等"开源"方法，而没有从调整产业结构、推进节水技术改造等"节流"方面统筹考虑；在水污染防治方面，不仅污水排放标准和污水处理循环利用率较低，而且生产建设单位的治污意识也普遍薄弱；水生态修复尚处于治理的窗口期，有待系统深入研究；在水问题的相互关系把握方面，对水资源、水生态、水环境、水灾害的相互关联认识不深，统筹做好水灾害防治、水资源节约、水生态保护修复、水环境治理的相关措施尚不完善。

1.3.3　在水问题的系统治理能力方面存在差距

水问题系统治理能力欠缺，既表现在人员能力建设存在不足，也表现在部分制度建设滞后、基础保障不到位等。在人员能力建设方面，基层水治理能力还比较欠缺。比如我国部分市、县级水利部门水资源管理人员还严重不足，特别是专业技术人员比较缺乏，难以满足水资源管理工作需要。在制度建设方面，《水法》《河道管理条例》^①等法律法规施行时间久，一些规定已不符合实际需要；节约用水、农村供水等立法还比较滞后，水资源规划论证方面还缺乏宏观政策引导，生态水量保障制度建设有待加强，影响依法治水工作的深入推进。在基础保障方面，水资源监测监控比较薄弱，对工农业取用水大户监控还不到位，特别是农业用水计量率过低。最严格水资源管理制度做不到"最严格"，一个重要原因就是缺少完善的水资源监测监控体系的支撑，无法有效获得最基础、最真实的数据。

1.4　落实"系统治理"思想方法，统筹推进各项工作

坚持系统治理，要求我们始终站在经济社会发展全局通盘考虑，针对水利在系统治理方面存在的突出问题或者薄弱环节，准确把握山水林田湖草沙系统治理的新要求，运用系统思维推进各项工作。

1.4.1　运用系统思维做好水治理顶层设计

系统治理强调顶层设计，从全局角度统筹考虑各领域、各要素、各部门、各层级的需求，分步骤、分次序解决问题和矛盾。顶层设计的核心在顶层，必须加强内外协调，实施规划引领，促进改革衔接，实现各部门、各领域、各环节的协同配合，形成工作合力，有序推进。

---

① 《中华人民共和国水法》《中华人民共和国河道管理条例》，本书中分别简称为《水法》《河道管理条例》。

（1）做好部门协同。贯彻落实国务院机构改革方案要求，找准水利定位，强化水利、自然资源、生态环境、住建、农业农村等涉水部门的系统治理合力，建立健全水治理长效机制。水利部门应以落实最严格水资源管理制度考核和强化河湖长制为抓手，推动建立水资源督察制度，凝聚各方合力，统筹解决水问题。自然资源部门应推进自然资源所有权"分散管理"到"统一管理"的转变，厘清所有权与行政管理权之间的职责边界，实现自然资源的保值增值。生态环境部门应坚持由"点穴式"治污模式向"系统化"治污模式的转变，实现生态环境系统治理。住建部门应按照城市人民政府确定的供水、节水、排水和污水处理回用方面的治理体制，推进污水处理再利用，统筹解决城镇水问题。发展改革、工信、农业农村、科技、财政等部门应加强协同配合，调整经济、产业、种植和能源结构，优化国土空间开发布局，培育壮大节能环保产业、清洁生产产业和清洁能源产业，推进资源全面节约和循环利用，促进用水方式转变，实现绿色生产和绿色发展。

（2）做好规划协调。按照国家、流域、区域三级和综合规划、专业规划两类的要求，立足国家经济社会总体战略布局，系统把握好流域规划和区域规划、专业规划和综合规划之间的关系，统筹推进实施"多规合一"，通过规划确定的布局和"红线"，严格规范和约束各项涉水活动，促进经济社会发展与水资源承载能力相协调。以提升供水保障能力为重点，建立健全以全国水资源综合规划和国家水网建设规划纲要为基础，水中长期供求规划、饮水安全规划、灌溉发展总体规划、地下水利用与保护规划、节水型社会建设规划、非常规水源利用规划等为依托的规划支撑体系。以保护水环境水生态为重点，建立健全以全国水资源保护规划为基础，主要河湖水生态保护与修复规划、水土保持规划和坡耕地整治规划等为依托的规划支撑体系。以完善流域防洪工程体系为重点，建立健全以流域综合规划、流域防洪规划、全国抗旱规划为基础，中小河流治理规划、山洪灾害防治规划、病险水库除险加固规划等为依托的规划支撑体系。

（3）做好改革衔接。以全局视角分析各类水问题及相互关系，在水资源刚性约束前提下，平衡供给侧与需求侧的关系，注意不同改革内容和节奏的衔接。坚持问题导向，着力解决影响改革推进的难点问题。例如，针对农业水价综合改革全面推广存在的精准补贴资金缺乏稳定渠道等制约因素，要建立以地方财政为主的精准补贴长效机制，中央财政通过开辟新的资金渠道或优化调整现有支出结构安排资金，采取以奖代补方式支持地方实施精准补贴，解决改革推广的难点问题。坚持统筹推进，促进不同改革的有机结合，发挥改革组合拳作用。例如通过小型水利工程产权与水权改革的有机结合，调动农民用水户协会和农民用水管水的积极性。另外，应组织开展系统治理顶层设计方面的重大课题研究，统筹谋划长远发展。

1.4.2 运用系统思维推进流域综合治理

立足水资源的流域特性，以明确和强化流域机构职责定位为依托，健全协商机制，实现绿色发展。

（1）明确和强化流域管理机构的职责定位。以流域为单元，强化流域管理机构在统一规划、统一治理、统一调度、统一管理等方面的职责，系统推进流域治理和管理。一是强化流域统一规划，按照习近平总书记提出的"上下游、干支流、左右岸统筹谋划，共同抓好大保护，协同推进大治理"①的要求，进一步完善国家、流域、区域三级和综合规划、专业规划相结合的水利规划体系。二是强化流域统一治理，按照习近平总书记提出的"要全面统筹左右岸、上下游、陆上水上、地表地下、河流海洋、水生态水资源、污染防治与生态保护，达到系统治理的最佳效果"②的要求，坚持目标导向，以规划为引领，推进流域协同治理，做到布局一体、步调一致。三是强化流域统一调度，按照习近平总书记提出的"精确精准调水，细化制定水量分配方案，加强水资源到用户的精准调度"③的要求，进一步强化流域防洪、水资源、生态统一调度，最大限度保障流域和区域水安全。四是强化流域统一管理，按照习近平总书记提出的"要完善流域管理体系，完善区域管理协调机制"④的要求，加快构建流域统筹、区域协同、部门联动流域统一管理新格局，提升流域管理能力和水平。

（2）建立健全流域协商机制。通过建立健全省际联席会议、专业委员会、流域领导小组、流域协调理事会、流域管理委员会等机制，为统筹解决流域重大问题提供沟通交流平台。流域机构要根据本流域的特点和需要协商的管理事项的工作要求，明确协商程序和工作规则，并根据协商工作需要决定相应协商机制组织形式，指定

---

① 习近平.在黄河流域生态保护和高质量发展座谈会上的讲话[J].求是，2019（20）.

② 习近平.论把握新发展阶段、贯彻新发展理念、构建新发展格局[M].北京：中央文献出版社，2021：257.

③ 习近平.论坚持人与自然和谐共生[M].北京：中央文献出版社，2022：288.

④ 习近平.在黄河流域生态保护和高质量发展座谈会上的讲话[J].求是，2019（20）.

或成立协商组织办事机构。协商机制建设主要针对水资源开发、利用、节约、保护、管理和水害防治工作中涉及流域整体利益的事项，以及流域机构与省级行政区事权没有划分或规定不明确的事项。例如省际水事纠纷调处、省际水量年度调度计划以及旱情紧急情况下水量调度预案的拟定、水资源调查评价等。

（3）促进流域绿色发展。以统筹流域水资源管理为途径，在考虑到流域水问题一般性特点的同时，因河施策，针对不同流域可能存在的水资源短缺、水环境污染或者水生态损害问题，有针对性地将产业布局、结构和规模等作为流域治理的重要因素综合考虑，结合社会、经济、环境等特点，统筹做好水资源开发、利用、节约和保护，提高水资源要素与其他经济要素的适配性、水利发展与经济社会发展的协调性，促进流域经济社会可持续发展。

1.4.3 运用系统思维解决突出问题和薄弱环节

我国面临着严峻的水问题，迫切需要运用系统思维，全局考虑、突出重点，既要做到对各类水问题心中有数，也要把握好当前面临的薄弱环节，明确工作重点。

（1）在华北地区地下水超采治理方面，要充分认识到，如果华北地下水超采问题长期得不到解决，同样会影响国家粮食安全。按照地区经济社会发展与水资源承载能力相协调的要求，立足华北地区的实际情况，从全局角度布局华北地区的发展。应综合考虑华北地区的经济结构、产业布局和水资源承载能力，坚持"一增一减"的辩证思维，挖掘调水工程潜力，提升供水保障能力；通过产业结构调整、节水技术改造等多种途径厉行节约，落实"三先三后"原

则 ①，充分挖掘本地水资源潜力，在节流的前提下实现开源。

（2）在地下水污染防治方面，坚持预防为主，综合防治，加快推动国家地下水监测工程建设，组织开展地下水污染状况调查评估，全面摸清我国地下水污染情况，分区域设置治理区、防控区与普通保护区，加强地下水环境监管。坚持地上与地下防治、点源与面源污染防治相结合，建立健全地下水饮用水水源风险防范机制，严格控制影响地下水的城镇污染，强化重点工业地下水污染防治，分类控制农业面源污染，有计划地开展地下水污染修复。系统把握问题和原因之间的关系，严控高耗能和高污染行业新增产能，大力推行清洁生产。制（修）订重点行业排污标准，强制公开重污染行业企业环境信息，加大违法行为的处罚力度，用强制标准和法律"倒逼"产业转型升级。

（3）在河湖保护方面，以强化河湖长制为重要抓手和平台，凝聚各方合力。坚持党政领导、部门联动，充分发挥全面推行河湖长制工作部际联席会议制度优势，整合水利、生态环境、自然资源等部门的力量，加快形成党政齐抓、上下共管、横向到边、纵向到底的工作格局。要以统筹解决好侵占河湖、围垦河湖、河湖污染、河道断流、湖泊萎缩等问题为重点，强化生态空间管控，严格水域岸线管理和执法监管，实行最严格的河湖管理和保护措施，有效遏制乱围乱堵、乱占乱建、乱采乱挖、乱排乱弃等违法行为，引导地区经济社会发展与河湖资源红线管控相适应。要找准河湖治理体制机制存在的短板，针对跨界河湖边界监管滞后等问题，促进流域与区域相结合

---

① "三先三后"原则：先节水后调水，先治污后通水，先环保后用水。

的河湖长管理体系落到实处并发挥积极作用。实施跨界双河湖长制，由两地政府主要领导担任跨界河湖的河湖长，深化联合治水模式，打破地域或者区域限制，共同推进跨界河湖治理；特别是针对乡村跨界河湖，可以互换河湖长，交叉监督，严格落实主体责任。

（4）在生态水利建设方面，要遵循生态平衡要求，系统研究和正确处理水资源开发、利用、保护、管理和生态环境之间的关系，切实发挥水利部门在水资源统一调配和生态水量监督管理方面的作用。要加强河湖生态水量保障，综合考虑河湖气候水文特征、水资源禀赋条件、开发利用状况及生态功能定位等因素，坚持分区分类、分时分段，明确不同类型河湖生态水量确定的准则，科学确定河湖及其主要控制断面的生态水量保障目标，维护河湖生态健康。要发挥水利工程生态保护作用。对新工程，要按照满足工程结构完整性、工程运行安全性和可持续性、水生态系统自我恢复的原则，立足不同地域特征及需求进行具体部署，建立有利于促进生态水利工程规划、设计、施工和维护的运作机制，尽可能减少对生态环境的影响；对老工程，要在发挥防洪、供水、灌溉等作用的同时，提升工程的生态保护功能。

1.4.4 运用系统思维强化监督管理

坚持"硬件"和"软件"两手抓，既强化信息管理和计量监控系统等基础保障，也强化制度保障和能力建设。

（1）强化技术支撑。坚持信息管理系统建设与运行维护相结合以及水资源管理与高新技术相融合，夯实水资源管理技术基础。完善国家水资源信息管理系统，实现中央—流域—省三级平台互联互通，所有水资源业务和信息互联共享；推动水资源计量监控系统建设，尤其要强化农业用水计量监控体系建设，为落实最严格水资源管理考核制度提供技术支撑。强化国家水资源信息管理系统运行维护，提高水资源监测数据上报率、完整性、时效性。以完善水资源管理系统建设为支撑，建立健全水资源承载能力监测预警机制，强化水资源安全风险防控，推动互联网、大数据、云计算、卫星遥感等高新技术与水资源管理工作深度融合。按照智慧水利建设要求，加快数字孪生流域、数字孪生工程和数字孪生水网建设，持续提升水利领域治理体系和治理能力现代化水平。

（2）强化依法治水。坚持立法与执法、流域立法和专项立法、制法与修法相结合，完善水资源法律保护体系。增设破坏水工程和水文设施罪、非法取水罪、水污染罪等，健全水资源刑法保护制度，构建民事、行政和刑事三位一体的法律体系。立足水资源流域特性，推进《长江保护法》《黄河保护法》等流域综合法律配套法规制度建设。适应推进生态文明建设和落实最严格水资源管理制度的要求，推动出台《节约用水条例》和《河道采砂管理条例》等专项行政法规及规划水资源论证等政策性文件。落实新一轮国务院机构改革部署和要求，修订《水法》等法规，明确水治理体制的法律地位。以强化河湖长制为途径，统筹各部门执法合力，推进水利联合执法。

（3）强化能力建设。坚持内外结合，强化水利部门（特别是基层水利部门）系统治理能力建设。抓住机构改革契机，多措并举加强队伍建设；实施政策创新，拓展引人进人渠道，改善人才队伍结构；加大对口帮扶力度，实施菜单式培训、订单式培养和组团式技术援助，不断提升欠发达地区或者贫困地区系统治理能力；依托河湖长制平台，凝聚各方合力，更好地履职尽责。

2

我国历史上的
系统治水思维及实践

【编者导读】

本篇立足历史，研究分析我国古代的系统治水思维及实践。我国既是一个水利大国，也是一个水利古国，古人对人与自然的关系，很早就有哲学层面的思辨，对治水的认识，也在探索和把握水要素在各层次系统中的位置及与其他要素的关系和相互作用规律的过程中不断深化。历史上水治理实践"因利生害"和"变害为利"的辩证转化，反映了不可抗拒的自然生态系统规律。治水方式的演变反映了对流域系统治理认识的演变。

兴水利、除水害历来是治国安邦的大事。我国自古就是治水大国，中华民族几千年的历史，从某种意义上说就是一部治水史，这是由我国特殊的国情水情所决定的。在数千年的治水历程中，众多哲学先贤、治国大家、水利名人都对水有过精辟论述，积淀了丰富的治水思想，渗透着对系统治理的认识和理解。

2.1　中国自古便产生了朴素的系统治水思想

按照现代科学系统论的观点，系统具有多层次性。人类社会自身的运行构成一个系统，包括政治、经济、文化、社会各方面要素；自然界本身也构成一个系统，由大气、水、海洋、土壤、生物等各类自然生态系统要素构成；而人类社会与自然界之间则构成一个更大的系统。我国古人对人与自然的关系，很早就有哲学层面的思辨，对治水的认识，也在探索和把握水要素在各层次系统中的位置及与其他要素的关系和相互作用规律的过程中不断深化。

（1）第一，对水具有朴素的自然崇拜观，推崇"天人合一"和"人水和谐"。中国几千年来以农业立国，水是农业文明的基石，人们对水充满依赖和敬畏。《礼记·学记》中记载，"三王之祭川也，皆先河而后海；或源也，或委也，此之谓务本"，将祭祀河川放在非常重要的位置。春秋时期管仲系统论述了合理利用和保护好水资源水环境的重要意义，"水者，何也？万物之本原也，诸生之宗室也"，水"集于天地而藏于万物"，"山林、菹泽、草莱者，薪蒸之所出，牺牲之所起也""为人君而不能谨守其山林、菹泽、草莱，不可以立为天下王"。明代科学家徐光启在《农政全书》中形象阐释了水与人类生存息息相关，"水利之在天下，犹人之血气然，一息不通，则四体非复为有矣"。

（2）敏锐地认识到不能孤立看待治水活动，必须将治水放在自然生态系统的整体中来解决。汉武帝时公孙弘指出，"山不童，泽不涸"，说明古人对森林的水源涵养作用有充分认识。汉元帝时贡禹指出，"斩伐林木，亡有时禁，水旱之灾，未必不繇此也"，明确提出破坏山林将导致水旱灾害增加。汉哀帝时贾让提出，人对土地的开发利用活动不能"与水争地"，要给水以出路，"疆理土地，必遗川泽之分……以为汗泽，使秋水多，得有所休息，左右游波，宽缓而不迫"，如果"排水泽而居之"，就会使洪水"不得安息"，最终反受其害。

（3）将治水放在治国理政的重要位置。水利是对行政能力、财政经济、社会动员、科技水平的全方位考验，是体现国家综合治理水平的系统工程。明代徐光启所著《农政全书》强调，"农为政本、水为农本""赋税之所出，与民生之所养，全在水利"。明代周用提出："使天下人人治田，则人人治河也。"治水不仅是政府之事，更要强调社会动员，这就突出了治水的社会性。徐光启提出，水利者，"地形高下之宜，水势通塞之便，疏瀹障排之方，大小缓急之序，夫田力役之规，官帑辅助之则，经营量度之法"，将水利视为一个工程措施、行政措施、经济措施、管理措施相互配合的系统工程。

2.2 历史上水治理实践"因利生害"和"变害为利"的辩证转化，反映了不可抗拒的自然生态系统规律

2.2.1 因利生害

客观来看，古代对水的开发和治理实践是成功与失败并存的。因利生害，多是由于开发利用和治理措施忽略山水林田湖各要素的联系，偏废某一方面终将得不偿失。

（1）乱垦滥伐破坏森林，导致水土流失和洪水灾害。这方面的教训数不胜数。中国历史上渭河流域和海河流域整体水环境的恶化，都与长期对秦岭和太行山森林资源的过度砍伐有密切联系。特别是明清时期，人口不断增加，适宜开发的平原丘陵土地基本殆尽，开垦逐渐向山地蔓延，严重破坏山区植被，导致水灾和旱灾变得频繁。清代梅曾亮《记棚民事》记载的安徽宣城当地民众"为开不毛之土，而病有谷之田"的案例很典型，当地原本"土坚石固，草树茂密，腐叶积数年可二三寸。每天雨……其下水也缓，又水下而土不随；其下水缓，故低田受之不为灾，而半月不雨，高田犹受其浸溉"，即由于保护好了植被和土石，而能做到水旱无虞；但"今以斤斧童其山，而以锄犁疏其土，一雨未毕，砂石随下，奔流注壑涧中。皆填污不可贮水，毕至洼田中乃止；及洼田竭，而山田之水无继者"。这一案例生动地说明，山水林田湖各要素相互联系，牵一发而动全身，治水必须与治山、治林、治田结合起来，一旦有所偏废，最终会使整个自然生态系统受损，原本的目的也无法达到。

（2）过度围垦湖泊导致洪水灾害增长。通过围垦湖泊增加田地面积，历史上曾普遍出现，这是人口增长的客观压力所造成的，但

却产生了很多负面影响。历史上的鉴湖围垦案例尤其典型。鉴湖位于浙江省绍兴市，建成于近两千年前（公元 140 年），是和芍陂、鸿隙陂齐名的中国古代灌溉陂塘，兴利达 1000 年之久，使绍兴一带成为村落遥相连接，境内无荒废之田、无旱涝之忧的富庶之区。但到北宋末年，为了追求垦殖之利，开始对鉴湖大规模围垦，十几年内湖田面积猛增至 2300 顷之多，鉴湖 2/3 以上面积消失，失去调蓄作用。由此，当地洪涝、干旱等问题迅速暴露，鉴湖地区"田失灌溉，官失常赋，人民流徙"。大规模围垦鉴湖遭到恶果，需要数百年的调整才得以平复。

2.2.2 变害为利

变害为利，是基于对自然生态规律的科学把握，做到顺势而为、功能兼顾、目标多元、开发与保护协同。

（1）充分利用自然规律，统筹把握山水林田湖的开发和保护。梯田是古代劳动人民克服不利于农业种植的自然环境的智慧产物。中国云南元阳梯田、广西龙脊梯田、湖南紫鹊界梯田，是古代梯田建设的典范。一个梯田系统的良好运作，必须考虑当地生态系统总体运作的优化和多样性，并要保持各子系统间的协调。山顶水汽充沛，滋养林木；进而森林将水渗入土地而排下，形成溪泉瀑布和地下潜流，在山腰被逐级拦截，供给梯田。梯田的形成，是水土与水汽的生态循环体系，是森林、水系、田土共同作用的结果。

（2）充分把握自然特征，融生态保护要求于工程实践中，做到标本兼治、除害兴利。都江堰充分把握了岷江河道水文、泥沙等规律，针对岷江由山谷河道进入冲积平原的山川形势，利用出山口处特殊的地形和水势，因势利导，使岷江水通过"鱼嘴"的第一次分流分沙、"飞沙堰"的第二次分洪飞沙、"宝瓶口"的壅水沉沙，实现无坝引水进入成都平原，灌溉余水又排入下游岷江。通过巧妙的工程设计，充分达到了"分洪以减灾、引水以灌田"的目的，统筹解决了供水、防洪、排沙等问题。在运行中，坚持"四六分水"的原则，即丰水期内江进水量约四成，外江进水量约六成；枯水期内外江分水比例调转，这就保证了丰枯期内外江水量都不小于40%，保障岷江干流的基本生态流量。正是由于都江堰充分尊重和顺应了自然生态规律，修成至今两千多年来一直发挥作用，可以说是生态水利工程的光辉典范。

（3）根据河流特性，把握利害辩证转化的规律，顺势而为，善加利用。我国北方很多河流多泥沙，泥沙往往对水利工程造成不利影响，一般被视为水害。但古人在种植实践中，很早就认识到引浑水灌溉，好处是"且溉且粪"，既可以灌水，又可以利用淤泥施肥，这就是最早的淤灌。后来淤灌就发展为有意识的放淤改土。汉代贾让在"治河三策"中就提到应多从黄河穿渠引水，建议"若有渠溉，则盐卤下湿，填淤加肥"，也就是通过引黄河水改良土地。放淤除能直接肥田外，还有改良盐碱地、沼泽地的作用。北宋王安石变法时期，曾大规模实施放淤，当时汴水、漳水、黄河、滹沱水等河流都产生了不少放淤改土的实践，史载"累岁淤京东西碱卤之地尽成膏腴，为利极大"。

2.3 只有把握住了水的流域特征，才能实现标本兼治

任何治水措施，都要从掌握河流运行规律着手。对流域治理认

识的演变过程，最典型地体现在黄河治理上，这是中华民族治水史中最重要的篇章。历代治黄，逐步探索规律，治理方略几经演变，科学性逐步提高，反映了对流域系统治理认识逐步加深的过程。

远古时期，先民"择丘陵而处之"，以避让洪水；后来生活空间向平原扩展，必须直面洪水，则在居住地周围垒土挡水，即鲧的"障洪水"。但"障"的方式达不到好的效果，其保护范围也不够大，大禹遂探索"疏导"的方法，增加洪水下泄和容蓄能力，在下游地区广大范围内使洪水多路宣泄，所谓"禹播九河"，即大禹治理后的黄河，在今河北山东一带分为数条流路入海。但到战国时期，黄河下游地区也广泛开垦致使聚落增加，各诸侯国纷纷筑堤，约束和控制流路，由此堤防成为治理黄河、提高防洪标准的重要手段。到西汉时期，堤防控制下的黄河河道，由于多泥沙特性使淤积加快，下游河段成为"悬河"，决口改道频繁发生，于是又出现分流主张，所谓"治遥堤不如分水势"。

以后历朝历代，黄河治理都是"堤防""分流"两种思路结合，并在生产实践中探索出合理利用泥沙、放淤改良田土的治理经验。到明代，潘季驯系统总结经验，深刻认识到对黄河要"水沙同治"，提出"以堤束水""束水攻沙""以清释浑"的治理思路，黄河治理从单纯"防洪"转变为"治水与治沙"相结合。单从黄河下游的空间范围来看，这已经较为完整地体现了系统治理的要求，是在古代科学水平下对黄河治理规律性认识的最高成就，是治黄史上一个了不起的飞跃。但受到工程技术条件制约，潘季驯的"以水攻沙"策略很难真正落实，未能从根本上改变黄河状况。

到近现代，随着科学发展和工程技术进步，对黄河治理的规律性认识进一步加深，逐步形成上、中、下游流域综合治理的思路，即上游水源涵养，中游水土保持固沙，上中游水库调蓄，下游加固堤防、调水调沙和放淤改土，治本与治标相结合，工程措施与非工程措施相结合，兴利与除害相结合。直到今天，治黄方略仍是沿着这一思路不断发展完善的。

综上，古代治黄经历"障堵—疏导—筑堤—分流—束水攻沙"的演变，其实质是"堵"和"疏"两种基本思想的否定之否定、辩证发展的过程："筑堤"否定了疏导，是"障堵"的更高一级的循环；"分流"是在"堤防"基础上对"疏导"的再应用，是更高一级的循环；"束水攻沙"则是把堵（堤防约束）和疏（加大流速排沙）两种手段巧妙结合起来。"堵""疏"两种手段相辅相成、互相促进，但在一定时期内又以某种治理思想为主导，这是适应变化了的情势要求、把握当时当地主要治理矛盾的产物。在治理方略的演进过程中，对水沙治理规律的认识逐步深化，形成了完善的流域系统治理思路，最终铸就了新中国治黄的伟大成就。

中华民族几千年的系统治水思维及实践是历史沉淀的智慧精华，是华夏物质文明和精神文明的重要组成。"以史为鉴，可以知兴替"，古人宝贵的治水实践和经验对当代中国治水兴水都有重要借鉴意义。现今全球气候和经济社会快速发展变化，新老水问题相互交织给我国治水提出了崭新课题。为促进人水和谐，助推经济社会高质量发展，探索适合我国国情水情的治水路径和模式，需要不断传承和发扬古人的优秀治水经验和智慧。

3

准确把握山水林田湖草沙生态系统的完整性，统筹推进水的综合治理、系统治理、源头治理

【编者导读】

　　本篇立足生态系统的整体性和系统性，研究分析如何统筹推进治水。从"山水林田湖"到"山水林田湖草"，再到"山水林田湖草沙"，深刻诠释了习近平生态文明思想在实践中不断丰富和发展的过程。准确把握山水林田湖草沙生态系统的完整性，既要把握好山水林田湖草沙各生态要素之间的关系，还要把握好自然生态系统与人之间的关系；坚持综合治理，要建立综合治理规划体系、综合治理制度体系、综合治理市场体系、综合治理资金保障体系；坚持系统治理，要凝聚部门合力、政策合力、区域合力、社会合力；坚持源头治理，要抓住"两屏三带"、人的行为、风险防控等重点。

2014 年 3 月 14 日，中央财经领导小组第五次会议明确提出，要坚持"山水林田湖"是一个生命共同体的系统思想，统筹山水林田湖治理水，不能就水论水，要用系统论的思想方法看问题。2017 年 7 月 19 日，中央全面深化改革领导小组第三十七次会议指出，要坚持"山水林田湖草"是一个生命共同体。2019 年 9 月 18 日，黄河流域生态保护和高质量发展座谈会进一步强调，要坚持"山水林田湖草"综合治理、系统治理、源头治理，加强协同配合，推动黄河流域高质量发展。2020 年 8 月 31 日，中共中央政治局召开会议，审议《黄河流域生态保护和高质量发展规划纲要》，进一步强调要统筹推进"山水林田湖草沙"综合治理、系统治理、源头治理。从"山水林田湖"到"山水林田湖草"，再到"山水林田湖草沙"，体现了习近平生态文明思想在实践中不断丰富和发展的过程。进入新发展阶段，要按照统筹推进"五位一体"总体布局的总体要求，准确把握山水林田湖草沙生态系统的完整性，坚持山水林田湖草沙是一个生命共同体的理念，统筹推进水的综合治理、系统治理、源头治理。

3.1 准确把握山水林田湖草沙生态系统的完整性

人的命脉在田，田的命脉在水，水的命脉在山，山的命脉在土，土的命脉在林和草，形象地诠释了生态系统各要素之间以及整个生态系统与人的依存关系。从正面影响看，生态系统各要素彼此依存，相互促进，依靠能量流动、物质循环、物种迁移等在一定空间和时间内保持动态平衡，生生不息、循环不已。在自然条件下，生态系统总是自动地向结构复杂化、生物多样化以及功能完善化方向演进。从负面影响看，一旦维持生态系统平衡和稳定的某个或某些要素发生变化，超出了生态系统自我调节能力，必将影响或者反作用于其他要素，进而打破生态系统的结构平衡，破坏生态系统的质量和稳定性。水作为生态环境的控制性要素，是串联生态系统其他要素的"核心"要素。解决水生态系统存在的问题，必须系统把握山水林田湖草沙之间的共生关系，按照系统工程的思路，坚持人口与水资源水环境水生态相均衡，经济、社会与生态效益相统一的原则，统筹治水和治山、治水和治林、治水和治田、治水和治草、治水和治沙的关系。

3.2　坚持综合治理，打造"四个"体系

综合治理强调工程措施与非工程措施并举，综合运用包括法律在内的多种手段和措施来推进山水林田湖草沙治理，统筹解决水问题。在工程技术措施达到一定水准后，规划、法律制度、经济等非工程技术措施在水治理方面的作用越发凸显。

3.2.1　建立综合治理规划体系

以国家发展规划为引领，增强国民经济和社会发展五年规划纲

要指导和约束功能，把生态文明建设摆在更加突出的位置，为各类规划的编制与实施提供遵循。以空间规划为基础，按照《全国主体功能区规划》的总体要求，全面摸清国土空间本底条件，划定生态红线，统筹推进"多规合一"。以专项规划为抓手，在《全国重要生态系统保护和修复重大工程总体规划（2021—2035 年）》的基础上，形成山水林田湖草沙综合治理"1+N"规划体系①，为水的综合治理提供规划保障。

水利要发挥水资源在"多规合一"中的底色作用，突出水资源承载能力约束要求，特别要考虑水资源系统的不确定性引发的潜在风险，通过情景与模拟分析，推动形成一般情况以及可能存在的最不利情况下的空间规划措施，尽可能减少水资源不确定性导致的空间规划实施风险②。同时，要按照"多规合一"要求，有效整合国家、流域、区域三级各层级水利规划，持续完善以水安全保障规划为核心，各专项规划为支撑的水利发展规划体系。

3.2.2　建立综合治理制度体系

把制度作为刚性约束和不可触碰的高压线，将生态文明建设的绿色理念充分反映在民法、行政法、经济法和刑法等基本法中，为生态环境、水利、自然资源、林草、农业和农村等部门立法和政策制定提供指导和约束，重点要完善自然资源资产产权、国土空间开发保护、自然资源总量管理和节约集约安全利用、自然资源有偿使

---

① 董玮，秦国伟. 以系统思维推进山水林田湖草沙综合治理 [N]. 学习时报，2021-01-06（007）.

② 赵钟楠，袁勇，李原园，等. "多规合一"空间规划体系中的水利若干问题的思考 [J]. 水利规划与设计，2020（4）：1-4.

用和生态环境损害法律责任等制度，构建覆盖法律法规、规章、标准规范的生态文明制度体系，为水的综合治理提供制度保障。

水利要以建立水资源刚性约束制度为抓手，将水资源节约主要指标纳入经济社会发展综合评价体系，严重缺水地区要将节水作为约束性指标纳入政绩考核；研究完善与水资源条件相适应的农业发展政策，推动制定水资源短缺和水资源超载地区高耗水工业产业准入负面清单政策，以及鼓励非常规水利用的优惠政策，等等。统筹把握山水林田湖草沙各要素协同立法，强化涉水法律法规与其他自然资源要素立法的协同配合，促进涉水法律法规与《民法典》《刑法》[①]等的衔接，加快完善以《水法》为核心的水法规体系。

3.2.3 建立综合治理市场体系

坚持两手发力，充分发挥市场在山水林田湖草沙生态系统综合治理方面的调节作用。要建立充分反映市场供求和资源稀缺程度、体现生态和经济价值的自然资源价格形成机制，加快推进排污权、用能权、用水权、碳排放权市场化交易。推进排污权交易，探索建立健全生态环境成本合理负担机制和污染减排激励约束机制。推进用能权和碳排放权交易，坚持前端和末端治理并重，促进用能权与碳排放权交易的有效衔接，实现节能减排。

对水利来说，要加快建立用水权市场化交易制度，以促进合理分水和管住用水为途径，加快明确各层级取用水权，推进流域间、区域间、行业间、用水户间等多种形式的用水权交易，实现水资源

---

① 《中华人民共和国民法典》《中华人民共和国刑法》，本书中分别简称为《民法典》《刑法》。

第二次优化配置。要加快建立水生态产品价值实现机制，建立健全水流生态保护补偿机制；因地制宜发挥各地水量、水质和水生态优势，推动构建产业生态化与生态产业化相结合的水生态经济体系。要探索水利落实碳达峰、碳中和的实施路径，通过水资源节约利用减少水资源利用各环节的碳排放，通过水土保持、河湖治理增强水生态系统的固碳能力，通过水电能源开发利用替代化石能源从而减少碳排放。

3.2.4　建立综合治理资金保障体系

有效整合山水林田湖草沙生态系统各要素资金，构建多元的资金投入体系，为推进水的综合治理提供较好的资金保障。加大公共财政资金投入，将《全国重要生态系统保护和修复重大工程总体规划（2021—2035年）》确定的项目，作为财政的重点投入对象；创新绿色金融产品，制（修）订完善《绿色产业指导目录》《绿色债券支持项目目录》和生态系统风险评级标准，建立健全"绿色信贷""绿色债券"等政策体系，将生态系统保护和修复领域作为金融支持的重点；完善财政、土地等优惠政策，吸引社会资本参与生态系统修复和治理；强化财政资金统筹。总结山水林田湖草沙生态保护修复工程试点经验，引导和鼓励各地统筹生态系统各要素财政投入，形成资金合力，集中推进山水林田湖草沙综合治理。

3.3　坚持系统治理，凝聚"四个"合力

在实践中，如果种树的只管种树、治水的只管治水、护田的单

纯护田，就很容易顾此失彼，最终造成生态系统的破坏。坚持系统治理就是要继续坚持从系统工程和全局角度寻求生态系统治理之道，在治理上形成合力。要抢抓国家重大战略和政策契机，既要以统筹山水林田湖草沙生态系统保护和修复为导向，组织实施重要生态系统保护和修复重大工程；更要在体制机制制度方面下功夫，在纵向层面建立有效衔接机制，在横向层面建立协同配合机制，有效促进政策和制度向机制转化。

3.3.1 用足用好协调机制，凝聚部门合力

充分发挥全面推行河湖长制工作部际联席会议制度在落实重大决策部署、研究重大事项、协调解决重大问题、监督检查执行情况等方面的作用，探索建立长江、黄河等流域省级河湖长联席会议制度，强化河长办组织与协调职能，推动部门之间协调联动，加快形成流域统筹、区域协同、部门联动的河湖系统治理新格局。充分发挥好节约用水工作部际协调机制的作用，按照中央部署、省级统筹、市县负责原则，加强有关部门间的统筹协调，明确责任分工并强化督促落实，加快形成节水工作合力。

3.3.2 依托国家战略行动，凝聚政策合力

国家战略行动是为实现国家发展总目标而制定的总体性战略概括和方案。近年来，我国推出了长江经济带、黄河流域生态保护和高质量发展、国家节水行动、国家适应气候变化战略、国土绿化、国家公园等一系列重大战略和行动，为推进山水林田湖草沙系统治理提供了契机。必须聚焦这些事关国家长远发展的大战略和跨部门

跨行业的大政策，充分发挥国家战略和行动统筹人力、物力、财力安排功能，强化山水林田湖草沙等各种生态要素的协同治理，形成治水政策合力。

3.3.3 坚持以流域为单元，凝聚区域合力

坚持流域系统观念，坚持全流域"一盘棋"，依托河湖长制平台，以最严格水资源管理为抓手，推动形成上下游联动、左右岸协同、干支流协调的流域系统治理管理格局。强化流域管理机构在规划引领、沟通协调、调度管理等方面的职责，在推进流域系统治理管理过程中，有针对性地将产业布局、结构和规模等作为流域系统治理的重要因素，提高水资源要素与其他自然资源要素的适配性、水利发展与经济社会发展的协调性，促进跨区域联动，实现流域经济社会高质量发展。

3.3.4 坚持共建共治共享，凝聚社会合力

在坚持政府主导推进治水的同时，加快转变政府职能，深化简政放权、放管结合，优化服务改革，下移管理重心，把能下放的职权下放到基层管理机构，把更多资源投入到基层，着力解决"小马拉大车"问题；更多地从一些传统管理领域中解放出来，在工程管护、行业监管、水利投资等方面进一步扩大社会参与和自治领域；不仅在规划、实施、管理等过程中要积极听取社会各界意见，还要有效发挥媒体和公众的监督作用，及时发现问题、解决问题，促进共建共治共享。

3.4 坚持源头治理，抓住"三个"重点

推进山水林田湖草沙源头治理，要深刻认识和准确把握山水林田湖草沙各要素之间的关系、人与自然之间的关系，系统把握问题和原因之间的关系，从源头上入手，把握重点，从根本上解决问题。

3.4.1 坚持生态优先，抓住"两屏三带"这个重点

全国主体功能区规划明确了我国以"两屏三带"为主体的生态安全战略格局，推进山水林田湖草沙源头治理，就要聚焦青藏高原生态屏障、黄土高原–川滇生态屏障、东北森林带、北方防沙带和南方丘陵地带等国家重点生态功能区、自然保护地等重点区域，着力恢复和提升其生态功能，保障国家生态安全。以"青藏高原生态屏障"为例，青藏高原素有"亚洲水塔"之称，是我国乃至全球维持气候稳定的"生态源"和"气候源"，从源头上保护好青藏高原生态系统，发挥其涵养大江大河水源和调节气候的作用，意义重大。对此，要严格水利工程建设论证和生态环境影响评价，确保在规划设计上符合生态保护红线空间管控要求，优先保护好生态系统，建立和完善生态廊道，提升生态系统的质量和稳定性。要补齐生态修复工程短板，加强江河源头区、水源涵养区、重要生态保护区保护，推进脆弱河湖生态修复，实施好长江等流域重大生态修复工程。要强化水土保持生态建设，推进坡耕地整治、侵蚀沟治理、清洁小流域建设等。

3.4.2　坚持人水和谐，抓住"人的行为"这个重点

在人为因素影响下，破解山水林田湖草沙生态系统面临的问题，要从"原因"着手。具体而言，要从需求驱动的单一防控向供给和需求驱动两端发力转变，即从需求端调整人的行为和纠正人的错误行为，减少高耗、低效的需求；从供给端突出生态优先，强化硬约束，倒逼产业转型升级，推动绿色发展。在我国水利生产力已得到很大提高、水安全保障水平已达到较安全水平的情况下，在防止水对人伤害的同时，更要防止人对水的破坏[①]。此时，就应立足人与自然的共生关系，牢牢把握"调整人的行为、纠正人的错误行为"这条主线，坚持以水定需，量"水"而行，促进用水方式和经济发展方式双重转变，推动整个社会形成有利于可持续发展的经济结构、生产方式、消费模式，为加快建设美丽中国和实现中华民族永续发展提供水安全保障。

3.4.3　坚持预防治理，抓住"风险防控"这个重点

预防治理实际要求把生态系统风险纳入常态化管理，以建立覆盖山水林田湖草沙各生态要素的预防监测体系为基础，工程与非工程措施并举，构建全过程、多层级生态系统风险防范体系。要按照强化预防治理的总体要求，推进智慧水利建设，加快建立遥感和视频综合监测网络体系，提升水利监测监控能力。要把建设现代化水利基础设施体系作为积极应对水安全风险的重要硬件基础，实施国家水网工程，加快构建系统完备、高效实用、智能绿色、安全可靠

---

① 陈茂山，陈金木. 新时代治水总纲：从改变自然征服自然转向调整人的行为和纠正人的错误行为 [J]. 水利发展研究，2019（12）：1–12.

的现代化水利基础设施体系，为防范化解重大水安全风险提供基础保障。要围绕源头预防、控制危害等要求，建立健全风险分析研判、决策风险评估等机制，提高风险防控能力，为有效防范和化解重大水安全风险提供机制制度保障。

4

系统把握水的多重价值属性
以水美乡村助力乡村振兴与产业发展

【编者导读】

　　本篇立足水的多重价值属性，着眼于促进系统治水与产业发展互动，分析论证系统治水助推乡村振兴和产业发展的实施路径。以水美乡村建设助推乡村振兴和产业发展，应统筹规划水系治理和产业布局；通过水美乡村建设，促进生态资源增值，夯实产业发展根基，为乡村振兴和产业发展创造良好生态条件；坚持资产化运营，在发挥水利支撑和保障作用的同时，也关注乡村产业发展对水利高质量发展的反哺，实现水美乡村和产业发展的良性互动；坚持生态产业化和产业生态化，推行绿色发展方式和生活方式，让良好生态成为产业发展的支撑点和增长点。

　　我国社会主要矛盾已转化为人民日益增长的美好生活需要和不平衡不充分的发展之间的矛盾。当前，我国不平衡、不充分问题在乡村最为突出，其表现之一就是农村基础设施和民生领域欠账较多，农村环境和生态问题比较突出。民族要复兴，乡村必振兴。实施乡村振兴战略，是解决人民日益增长的美好生活需要和不平衡不充分的发展之间矛盾的现实选择。为深入贯彻落实党的十九大关于生态文明建设的总体部署，根据《中华人民共和国国民经济和社会发展第十三个五年规划纲要》《中共中央国务院关于实施乡村振兴战略的意见》等有关要求，2019 年，水利部、财政部联合印发《关于开展水系连通及农村水系综合整治试点工作的通知》（水规计〔2019〕277 号），要求以县域为单元开展水系连通及农村水系综合整治试点①。

　　2020—2022 年，水利部、财政部已联合开展三批水系连通及水美乡村试点，分别确定纳入中央财政支持的水系连通及水美乡村建设试点县 55 个、30 个、42 个，在以水美乡村助推乡村振兴和产业发展方面作了有益探索。总体来看，要更好地发挥水美乡村对乡村振兴和产业发展的支撑与保障作用，就要准确把握水的自然属性、社会属性、商品属性，统筹考虑水的生产要素价值、水利基础设施

---

① 2021 年，水利部、财政部将"水系连通及农村水系综合整治试点"更名为"水系连通及水美乡村建设试点"。

价值、水源价值、社会文化价值，坚持以点带面，逐步推开水美乡村建设，夯实乡村绿色发展"底线"，同时要把握好资源—资产—产业的内在特点和转换逻辑，提升生态资源价值，促进资产化运营，推动生态产化和产业生态化，着力解决乡村发展过程中的"绿色贫困"和"金色污染"问题，加快实现乡村振兴。

4.1 坚持以点带面，加快水美乡村建设步伐

水美乡村试点既是重要改革任务，更是重要改革方法。以水美乡村助推乡村振兴和产业发展，就要坚持系统治理，统筹规划水系治理和产业布局，为面上推广提供可复制的经验做法。

4.1.1 实践经验

（1）水利部门始终坚持统筹规划与布局。各级水利部门遵循水美乡村试点的有关政策要求，在推进乡村水系连通和综合整治过程中，强调以河流水系为脉络，以村庄为节点，坚持集中连片统筹规划，水域岸线并治，努力实现项目综合效益。比如江西高安县在规划设计项目时，以上游水库和华林山为核心，充分利用苏溪河，打造通往华林山"森呼吸"特色小镇的生态水廊，串起艮山古村、八百洞天风景区、胡氏文化旅游区等生态人文景观，形成集休闲、运动、康养、度假为一体的"森呼吸"康养度假区。

（2）相关部门始终坚持区域发展一盘棋。各地生态环境、自然资源、住建、农业农村、林业等部门立足全局，打通资金使用分割或者限制，协同配合推进水美乡村建设。比如辽宁盘山县针对水美

乡村试点项目的非水利投资超过 2.0 亿元，约占总投资的 39.6%；安徽湾沚区水美乡村试点项目的非水利项目投资约 3.8 亿元，约占总投资的 39.5%。这些非水利举措，是实现水美乡村的有机构成。

（3）水美乡村切实发挥支撑和保障作用。产业兴旺方面，水美乡村强调统筹考虑县域经济社会发展需要，与乡村土地利用、乡镇建设等规划相衔接，规划项目布局，推动水系综合整治与产业融合发展。生态宜居方面，坚持系统治理，统筹岸上岸下，清淤疏浚，根治污染，项目区人水和谐的人居环境基本形成。乡风文明方面，充分挖掘历史和文化元素，建设沿河水乡古镇、文化主题公园等人文景观，弘扬乡土文化。治理成效方面，坚持共建共治共享，积极调动村集体和农民群众参与水美乡村建设，打造充满活力、和谐有序的乡村。生活富裕方面，着眼解决水利领域发展不平衡不充分问题，不仅补齐试点区的民生短板，更为乡村产业发展奠定了良好基础，具有较好的生态、经济、社会效益。调查显示，各地基层干部和群众对第一批 55 个试点县水美乡村建设成效的满意度均超过 95%。如浙江天台实施水美乡村建设试点项目，坚持以生态为本、产业为基、文化为魂、民生为上，切实把河湖资源转化为惠民富民的经济优势，群众满意度和幸福感明显提升，群众自发给项目办送来了锦旗，感谢政府和水利部门积极主动作为，解民困、保民生，给群众带来了实实在在的好处。

4.1.2 面临的困难

我国水美乡村试点已施行 3 年有余，进展明显，但也面临一些困难：一是农村地域广袤，水美乡村任重道远。我国已开展的水美乡村试点涉及 127 个县，仅占全国县级行政区域的 4.5%。虽然近年来水利部门通过"清四乱"、农村水系综合整治等举措，使得一些乡村的水系生态环境得到了较大改善，但由于我国乡村河湖数量众多，治理基础比较薄弱，水美乡村依然任重而道远[①]。二是财政资金趋紧，社会融资难。部分地区反映，一些地方虽然在申报试点时明确要通过社会融资推进水美乡村建设，但在实施过程中面临诸多难题。三是试点期限短，产业发展规模化效用不显著。调查显示，对于水美乡村带动的旅游业、生态农业等，一些地方尚未形成完整的产业体系，规模效应不足。此外，个别项目在设计和实施过程中也存在一些误区，错误地把"美"落到了人造水景观打造方面，等等。

4.1.3　推进对策

推进水美乡村建设，要按照产业兴旺、生态宜居、乡风文明、治理有效、生活富裕的总要求，科学安排时间表，以点带面，逐步推开，更好地支撑和保障乡村振兴和产业发展。一是继续做好顶层设计，强化政策引导，坚持生态保护和开发治理并重，探索水美乡村助推乡村振兴和产业发展的实施路径。二是有序做好水美乡村试点终期验收和"回头看"，提炼改革路径方式，以多种形式开展交流和推广，在更大范围内发挥示范引领作用。三是打通绿水青山转化为金山银山的政策制约瓶颈，采取组合开发或者打捆招标的方式，撬动社会资本参与乡村建设，推动各省建设符合省情水情的水美乡村，加快实现以点带面。

---

① 李原园，徐震，等 . 农村水系生态环境主要问题与对策浅析 [J]. 中国水利，2021（3）：13-16.

4.2 促进生态资源增值，夯实产业发展根基

水美乡村试点在恢复和提升乡村生态宜居功能的同时，也保护和提升了生态资源价值，为乡村振兴和产业发展创造了良好生态条件，有利于夯实产业发展根基。

4.2.1 基本思路

以水美乡村建设为途径，针对乡村水系生态系统脆弱或功能缺失等问题，通过系统治理和综合开发，恢复乡村河湖生态系统的功能，着力改善乡村人居环境，提升水生态产品的供给能力，并依托县域国土空间布局、经济社会发展规划等，系统布局和发展产业，实现土地等自然资源增值。

4.2.2 实践经验

辽宁盘山县同样坚持治理与开发并举，使水美乡村和乡村振兴、盘山县西部开发战略高度契合，针对西部农村地区河流出现河湖淤积萎缩、水污染加剧、生态功能退化等问题，通过水系连通和综合整治，不仅改善了自然条件和人居环境，而且明显改善了项目区农业生产条件，60 万亩淡水养殖业每亩增收了 200 元，11.7 万亩井灌区变为种稻养蟹立体现代农业示范区，每亩增收 800 元，促使昔日的"南大荒"变成今日万顷苇海、千顷良田、鱼鲜蟹肥的塞外江南。

江西高安市坚持系统治理和综合开发并举，统筹区域经济社会发展，以水美乡村试点改善乡村生态环境，并助推土地资源增值。统计显示，在项目区范围内，随着水美乡村建设的推进，三个

乡镇土地增值明显。以 2020 年初试点项目立项为基准时点，杨圩、华林和村前三镇的土地出让均价分别为 80 万元 / 亩、76 万元 / 亩、76 万元 / 亩，2021 年初杨圩镇一宗土地因临近本项目建设的湿地公园，出让价格提升至 100 万元 / 亩，而朱家村（水生态文明村）附近的近 20 亩预留建设用地，估价已达 150 万元 / 亩。

4.2.3　推进对策

目前，各地在推进水美乡村试点过程中，统筹考虑项目区的整体治理和开发，其困难主要在于如何培育生态产品，实现生态资源增值，这就需要：①坚持理念先行，稳步推进水净、水清、水美，加快建设清洁乡村、美丽乡村、幸福乡村，实现价值"外溢"；②坚持规划引领，动态制（修）订县域乡村振兴发展规划，一村一策，统筹水资源、土地、矿产等资源保护和管理，夯实产业根基；③坚持沿水布局，打造亲水休闲和文化空间，让乡村发展活起来美起来，构建乡村发展新格局。

4.3　坚持资产化运营，实现水系治理和乡村发展双赢

资产化运营强调统筹把握水利资产的多重价值属性，综合施策，在发挥水利支撑和保障作用的同时，也关注乡村产业发展对水利高质量发展的反哺，实现水美乡村和产业发展的良性互动。

4.3.1　基本思路

立足水资源、砂石资源、水域空间和水利工程等公共产品的非

排他性、非竞争性和难以界定受益主体等特征，通过政府管控，将涉水公共产品作为资产统筹管理，明晰产权、统一规划、权责到位，创造对涉水公共产品的交易需求，引导和激励利益相关方进行交易，既实现水利资产的综合价值，反哺河湖水系整治和保护，又助推乡村产业发展。

4.3.2 实践经验

江西乐安县主要通过资产运营在解决试点资金方面想出路。该县 2019 年将域内砂石资源开采权许可给县水利投资有限责任公司，由其进行开采经营，开采期限 30 年。同时，县水利投资有限责任公司以城乡供水一体化项目建设产生的供水收益及河道采砂经营收益为抵押，向国家农发行申请生态水利建设贷款资金 8.1 亿元，推进生态水利项目建设。在 2020 年确定乐安县为水系连通及农村水系综合整治试点县后，乐安县要求从 8.1 亿元贷款中提取 4 亿元用于水系连通建设，反哺乡村河湖水系综合整治，加快构建生态宜居乡村。

浙江青田县章村乡主要通过资产运营在水美乡村长效机制建设方面想办法[①]。为做好乡村河湖管护，章村乡实施"河权到户"。即村集体明确河道使用权，按照划定的河段，全部或分区域将经营权通过公开招投标承包给愿意参与的自然人或者法人；承包者通过在河道内养殖特有鱼类、吸引旅游观光者垂钓等获得承包收益外，需

---

① 浙江青田县不是水系连通及水美乡村试点县，但是它在"以水养水"方面进行了深入探索。

要承担河道日常保洁与管理，承包租赁收入归村集体所有 ①。水系所在地的水利部门或者地方人民政府主要通过工程建设、政策鼓励、问题协调等给予支持，确保各利益相关方边界清晰。统计显示，目前章村乡共有 14 个承包河段，涉及河长 86 千米左右，年租金最多达 1.53 万元。这种"河权到户"模式不仅解决了河湖管护问题，更为广大乡村创造了产业发展契机。

4.3.3 推进对策

从实践看，考虑财政的有限性，在强化财政支持水美乡村建设的同时，还要充分考虑财政支持的可持续性，要发挥财政资金的撬动作用，促进有为政府和有效市场有机结合，不仅实现"以水养水"，更助力乡村产业发展。具体措施包括：一是加快完善水利资产产权体系，落实所有权、使用权和经营权等权属设置；二是推进河湖水域空间和水利工程等资产确权登记，明确产权主体和权责，特别要划清所有权和使用权边界；三是鼓励创新，对于通过市场推进水利资产综合利用，实现以水养水和产业发展的改革，要及时提炼形成可复制、可推广的宏观政策。

4.4 坚持生态产业化和产业生态化，做好水美乡村新文章

乡村振兴，产业兴旺是重点。坚持生态产业化和产业生态化，强调推行绿色发展方式和生活方式，让良好生态成为产业发展的支

---

① 李香云，吴浓娣，等. 社会力量参与农村河道管护的"以河护河"模式研究 [J]. 中国农村水利水电，2020（3）：87–90.

撑点和增长点。

4.4.1 基本思路

深入践行"两山"理论，依托水美乡村建设，积极引导并打造一批各具特色的县域综合治水示范样板，将乡村生态优势、资源优势转化为发展优势，促进"水农旅"融合发展，推进生态产业化和产业生态化，助推乡村振兴和产业发展。

4.4.2 实践经验

安徽广德县的特点在于做大做优旅游产业。通过水美乡村新杭项目区的实施，极大改善了当地水生态环境。帮助新杭镇吸引投资约 2 亿元的彭村新天地农旅项目，综合开发旅游综合服务中心、乡村文化体验区、湿地探秘度假区、户外运动娱乐区，推动旅游产业规模化发展。水美乡村杨滩项目区的实施，助推项目区发展步入乡村振兴发展"快车道"。近年来，杨滩镇加快实施水土保持、水系连通项目，治理完成桐河、白马河、梧溪河、九房河和瀹流河，打造九房"千亩花海"的菊花基地，每年开展杨滩镇菊花文化旅游节，接待人次约 15 万人，直接或间接地带动当地居民增收约 80 万元。

江苏吴江区的亮点在于逐步实现了经济发展新旧转换。具体表现在：一是培育创新动能。开展项目区内"低散弱"企业整治，淘汰元荡边西岑铁场地块原本集聚的彩钢板加工、石材加工等小作坊，搬迁完成省际交界地带的废旧木料交易市场，不仅提升了区域整体生态环境，也为生态友好型的"新经济"腾出发展空间。二是串联产业发展。试点实施过程中，着力提升宜居、宜业、宜商、宜游的示范样板魅力，同步谋划"在有风景的地方嵌入新经济"，调整优化沿水系业态布局，依托项目建成后的社会效益、生态效益，吸引投资，发展湖区经济，推动产业发展。

4.4.3　推进对策

通过水美乡村助推乡村产业发展，既是试点的亮点，更是难点，这就需要我们做足做实"水文章"。一是坚持绿色底线，守住生态"红线"，不断深化对"两山"理论的认识，走高质量发展之路。二是坚持整体谋划，立足村情水情，对本地区的水土等生态资源进行全方位的综合评估，科学选择产业发展方向[①]。三是跳出生态资源收储、交易、流转的思维局限，将视野拓展至生态产业化的全过程和多元化经营[②]，发展产业园区，形成产业规模，提升市场竞争力。

进入新发展阶段，自下而上需要推进的水利改革领域已越来越少，而需由上向下推进的水利改革领域却越来越多。在这种背景下，就必须适应新形势新要求，科学谋划顶层设计。水美乡村试点是水利部联合财政部促进乡村振兴的一项重大顶层改革，当前尚处于探索阶段。试点实施过程中，要做好跟踪评估，特别是第三方评估，及时总结经验，发现问题，确保项目不走偏不走样。各地必须解放思想，跳出水利看水利，尽可能把问题穷尽，真正起到压力测试作

---

① 石琳. 推进生态产业化和产业生态化 做好协同发展大文章 [J]. 产业创新研究，2021（17）：53-55.

② 石敏俊，陈岭楠，等. "两山银行"与生态产业化 [J]. 环境经济研究，2022（1）：120-126.

用，探索新路子新方法；必须紧扣乡村振兴的战略任务，把握好资源—资产—产业发展的内在逻辑，保护好生态资源，活用资产化运营，实现产业转型升级，促进水美乡村和产业发展深度融合，加快实现乡村振兴。

5

立足"三新一高"，
系统谋划推动水利高质量发展

【编者导读】

本篇立足"三新一高"，坚持系统论的思想和方法，系统谋划推动水利高质量发展的思路和举措。党的十九届五中全会就开启全面建设社会主义现代化国家新征程做出了战略部署，水利事业迎来新的发展机遇。立足新发展阶段，要坚持系统观念，统筹把握好水利改革和发展、供给侧和需求侧、山水林田湖草沙、政府和社会的关系；坚持新发展理念，增强水利发展活力，着力破解水利发展不平衡不充分问题，满足人民日益增长的美好生活需求；服务构建新发展格局，发挥水利建设投资在优化供给结构、畅通国内大循环方面的关键作用，发挥水资源刚性约束作用促进产业布局调整，推动内循环协调发展，助推双循环。

习近平总书记一直心系治水工作，近年来先后赴长江、黄河、汾河、淮河、巢湖、南水北调东线等地考察，提出了一系列殷切期望，作出了一系列重要指示，为新发展阶段的水利工作指明了发展方向，提供了根本遵循。水利人应遵循习近平总书记的水足迹，展望新发展阶段，坚持新发展理念，准确把握发展大势和时代需求，积极回应人民群众期盼和关切，将总书记的殷切期望转化为推动水利改革发展的强大动力，把总书记的重要指示坚决落实到治水实践中，推动水利事业以更好的姿态融入新发展格局。

5.1 展望新发展阶段，把握新特征、落实新要求

在国内国际环境风云变幻之际，我国迈入新发展阶段，开启全面建设社会主义现代化国家新征程，挑战和机遇并存。我们应围绕高质量发展这个主题，准确把握好新发展阶段水利事业的四组重大关系，在变局中开新局，在危机中育先机。

5.1.1 把握好水利改革和发展的关系

发展是永恒的主题，要以改革促发展，以创新求突破，不断开创新局面。进入新发展阶段，加快水利事业高质量发展，就不能再

简单地沿袭老办法、老方式，必须依靠深化改革来推动。当前水利改革已进入深水区、攻坚期，自下而上需要推进的水利改革领域已越来越少，而需由上向下推进的水利改革领域却越来越多，这些领域的改革牵一发而动全身。在这种情况下，就必须适应新发展阶段的新需求，主动谋划水利改革顶层设计，整体施策、分层设计、规划依托、制度保障，自上而下构建涵盖各领域、各环节的改革总体方案，明确水利改革的总体思路、工作重点、方法措施、路径安排，为推进水利事业实现新跨越提供动力。重点应围绕"打造幸福河湖""推进流域高质量发展"等主题，及时谋划出台水利重大政策或改革举措，以此为驱动，推动水利事业高质量发展。

5.1.2 把握好水利供给侧和需求侧的关系

以深化供给侧结构性改革推动经济高质量发展，是习近平总书记在长江、黄河等地视察时始终强调的重要议题。从水利供给侧和需求侧的关系看，新发展阶段的主要矛盾也在供给侧，促进流域高质量发展，应以推进水利供给侧结构性改革为主线，按照新时代新要求提供更多的优质水资源、健康水生态、宜居水环境、先进水文化等供给产品。落实以水定产，把水资源水生态水环境承载能力作为产业布局和结构优化调整的先决条件；严格过剩产能和落后产能行业企业的取用水总量控制和定额管理，推动化解过剩产能、淘汰落后产能，最大限度减少水资源浪费。坚持水利供给侧和需求侧两端发力，加快节水供水重大水利工程建设，提升水安全保障能力，以高质量的水利供给创造和引领高端水利需求，强化供给体系对水利需求的适配性，形成需求牵引供给、供给创造需求的高水平动态平衡。同时，应在黄河、长江等流域水文化遗产保护、挖掘、传承、弘扬等方面下功夫，满足人民群众日益增长的精神文化需求。

5.1.3 把握好山水林田湖草沙的共生关系

党的十八大以来，以习近平同志为核心的党中央坚持把生态文明建设作为统筹推进"五位一体"总体布局和协调推进"四个全面"战略布局的重要内容，要求坚持山水林田湖草沙是一个生命共同体的理念，强调坚持系统治理、依法治理、综合治理、源头治理。在新发展阶段推进水治理，应深刻领会这个生命共同体的丰富内涵和实践要求，立足生态系统的整体性，系统把握水与其他生态系统自然要素的共生关系，从系统工程和全局角度寻求新的水治理之道，跳出水利看水利，抛开门户之见，摒弃部门隔阂，打破体制机制束缚藩篱，在纵向层面建立有效衔接机制，在横向层面建立协同配合机制，积极促进思想协同、政策协同、行动协同，完善水生态文明领域统筹协调机制，加快构建水生态文明制度体系，统筹推进山水林田湖草沙生态系统保护和修复。

5.1.4 把握好政府和社会的关系

水利具有很强的公益性、基础性、战略性。推动水利事业发展，特别是流域高质量发展，不仅是流域、地方人民政府及有关部门肩负的重任，也是全社会义不容辞的共同义务和责任。推动长江经济带发展强调的"共抓大保护、不搞大开发"，推动黄河流域生态保护和高质量发展强调的"共同抓好大保护、协同推进大治理"，均深刻道出了政府和社会协同发力推进江河湖泊治理的重要性。水利部门应准确把握好这些要旨，在坚持政府主导推进治水的同时，按照"放管服"改革要求，加快转变政府职能，深化简政放权、放管结合、优化服务改革，下移管理重心，把能下放的职权下放到基层管理机构，把更多资源投入到基层，让基层有权管事、有人做事、有钱办事，着力解决"小马拉大车"问题；更多地从一些传统管理领域中解放出来，在工程管护、行业监管、水利投资等方面进一步扩大社会参与和自治领域，促进水行政主管部门与社会之间的良性互动，实现水行政主管部门与涉水社会组织、社会公众两极强化、优势互补，形成"强国家（水行政主管部门）、强社会"的态势。

5.2 坚持新发展理念，应对新挑战、化解新矛盾

当今世界正经历百年未有之大变局。同时，国内发展环境也经历着深刻变化，需求结构发生重大变化，供求关系出现脱节，发展不平衡不充分问题突出，等等。应对这些挑战，必须坚持新发展理念，在经济社会发展这盘大棋中积极化解治水新矛盾，着力解决好水利事业发展存在的不平衡不充分问题，实现水利事业朝更高质量、更加公平、更可持续、更为安全的方向发展。

5.2.1 坚持创新发展，增强水利发展活力

把体制机制创新作为推动水利事业高质量发展的重要驱动。强化河湖长制，完善河湖长制国家和地方立法，以法律的形式明确各级河湖长与河湖长办公室的职责与分工，避免河湖长职责虚化和河湖长办公室水利部门化，为统筹推进山水林田湖草沙系统治理提供

体制保障。建立健全治水协同配合机制，充分依托国家公园、荒漠化和石漠化治理、国土绿化，以及大运河、黄河国家文化公园等国家政策和行动，凝聚各方合力，推动在治山、治林、治田、治草等实践中落实治水要求；积极参与实施乡村建设行动，把农村河湖水系综合治理与农村改厕、生活垃圾处理和生活污水管网建设等有机结合，加快农村河湖水系综合治理，推动美丽乡村建设，助推城乡一体化。创新水利投融资体制机制，探索并推广运用公私合营（PPP）、特许经营、资产收购、参股控股、以奖代补等方式，在城乡供水一体化、乡镇或集镇供水、水土流失等方面有效撬动社会资本参与水利建设。深化水价和产权改革，在价格形成机制、水费收缴机制、工程管护等方面强化创新驱动，破解制约工程良性运行的瓶颈，推动社会资本投资水利建设，促进水资源节约集约利用。

5.2.2 坚持协调发展，解决发展不平衡不充分问题

把协调发展贯穿经济社会发展和生态系统保护各环节和各领域，从系统观念和全局出发，全过程协调推进。围绕水资源供给能力和经济社会发展持续保持动态平衡，坚持以水定城、以水定业，在流域和区域上推动实现水与人口、经济以及土地等其他资源之间的均衡。围绕自然资源要素保持动态平衡，坚持山水林田湖草沙是一个生命共同体，统筹治水和治山、治水和治林、治水和治田、治水和治草、治水和治沙的关系，在水资源开发利用时系统考虑其他自然生态系统要素，持续提升生态系统的质量和稳定性。围绕城乡水利均衡发展，巩固拓展水利脱贫攻坚成果同乡村振兴战略有效衔

接，持续强化农村饮水安全巩固提升工程，推进城乡供水一体化，实施农村河湖水系综合整治，着力解决城乡水利基础设施发展不平衡问题。围绕区域协调发展，参与打造长江经济带区域协调发展新样板，谋划好黄河等流域经济带建设；以推动建设国家水网为战略契机，补齐补强中西部地区水利基础设施短板，加快实现东中西部协调发展。

5.2.3　坚持绿色发展，实现人水和谐

把绿色发展作为推动水利事业高质量发展的基本导向。对水利部门来说，应建立健全水资源刚性约束制度和标准体系，在加快推动合理分水的基础上，切实管住用水，坚决遏制一边加大调水、一边随意浪费水的行为，持续提高水资源节约集约安全利用水平，实现用水方式和经济发展方式的双重转变，更好地推动整个社会形成有利于高质量发展的经济结构、生产方式，为全面建设社会主义现代化国家提供水安全保障。坚持生态优先，以规划为手段，探索推进水生态产业发展，因地制宜发挥各地水量、水质和水生态优势，在发展水文化产业、康养产业、水旅产业等方面做好生态文章，推动构建产业生态化与生态产业化相结合的水生态经济体系，形成新的经济增长点。加快推进水生态产品价值实现，坚持纵向与横向、补偿与赔偿、政府和市场相结合，建立健全水生态纵向补偿机制。鼓励地方以水量、水质为补偿依据，完善横向生态补偿机制；建立并充分运用生态环境损害赔偿制度，依托水生态产品价值核算，授权地方政府作为赔偿权利人，对造成水生态水环境损害的违法者追究损害赔偿责任，压实地方政府水生态保护职责。

5.2.4 坚持开放发展，面向全球贡献中国智慧

在开放中谋合作、促发展、获双赢，是我国水利事业持续取得新进步的重要因素。今后，我国应积极与世界分享在防灾减灾、粮食安全保障、农村饮水安全保障和水利脱贫攻坚等方面的成功经验。我国把防汛抗旱减灾作为治国安邦的大事摆在突出位置，防灾减灾能力大大提高，全国水库总库容8983亿立方米，修建各类河流堤防43万千米，保护耕地4100万公顷，保护人口6.3亿人。我国以全球6%的淡水、9%的耕地养活了占全球近20%的人口，创造了占世界17%的经济总量。继"十二五"末基本解决农村饮水安全问题后，"十三五"实施农村饮水安全巩固提升工程，巩固提升了2.56亿农村人口供水保障水平，包括1710万建档立卡贫困人口的饮水安全问题，农村自来水普及率从2012年的65%提高到2021年的84%，9亿多农民群众喝上了放心水。我国治水理念的转变以及取得的成效得到国际社会广泛关注，广大发展中国家更是迫切希望借鉴我国的经验，完善本国的水利基础设施条件，提升发展水平。水是生命之源、生产之要、生态之基，关乎的是最实实在在的民生问题。水资源合作最能够体现民心相通，也必须实现民心相通，要着眼民生和可持续发展，加大合作力度，实现合作共赢。

5.2.5 坚持共享发展，满足人民日益增长的美好生活需求

把共享发展作为推动水利事业高质量发展的重要目标，着眼于补齐补强民生水利领域存在的突出短板，对照人民群众的新要求、新期待，按照人人参与、人人尽力、人人享有的要求，守住底线、突出重点、完善制度、引导预期，注重公平，保障民生，在实现全

体人民共同迈入全面建成小康社会的基础上，奋力开创全面建设社会主义现代化国家的新征程。巩固水利脱贫攻坚成果，坚持脱贫不脱政策、不脱责任、不脱帮扶、不脱监管，杜绝返贫。把提升水利公共服务均等化水平摆在突出位置，围绕水资源水生态水环境需求，以不断完善水利基础设施体系为保障，在解决好直接关系人民群众生命财产安全、生活保障、生存发展、人居环境等方面水利问题的基础上，着力提升水利公共服务均等化水平和质量，推动民生水利新发展。坚持共建共治共享，通过构建公众参与机制和平台、设计有奖举报等制度，激励和引导基层水利服务机构、准公益性专业化服务队伍、农民用水合作组织、民间河湖长、公众个人等参与水治理，强化社会监管，形成人人有责、人人尽责、人人享有的水治理共同体。

5.3 服务构建新发展格局，做好水文章、助推双循环

构建以国内大循环为主体、国内国际双循环新发展格局，是以习近平同志为核心的党中央统揽全局、把握时代大势作出的重大战略部署。水利作为我国经济社会的有机构成，近年来最严格水资源管理加快实施，水利投资规模持续大幅增长，在推动产业转型、拉动经济增长以及促进就业等方面发挥了重要作用。进入新发展阶段，水利更需要主动作为，在服务构建新发展格局中做出自身应有的贡献。

5.3.1 抢抓机遇，将进一步扩大水利投资作为促进国内大循环的重要抓手

水利建设投资是我国固定资产投资的重要组成部分，对改善农

业生产条件，拉动水泥、钢材、机械、化工、建筑施工、发电、航运、旅游、房地产等产业发展，以及促进就业具有重要作用。在国内外经济社会发展环境和条件发生剧变的大背景下，更要发挥水利建设投资在优化供给结构、畅通国内大循环方面的关键作用，拓展投资空间，优化投资结构，聚焦河流湖泊安全、生态环境安全、城市防洪安全，谋划建设一批基础性、枢纽性的重大项目；推动把水利工程及配套设施建设作为突出重点，强化论证，抓紧启动和开工一批成熟的重大水利工程及管网、治污设施等配套建设。在国家财政趋紧的背景下，要发挥财政资金的撬动作用，多措并举促进社会资本参与水利工程建设与运营。重点要在项目"打捆"设计、项目参与方式、财税优惠扶持政策、水利工程产品定价机制等方面出思路出政策，调动社会资本的参与积极性，真正实现"两手发力"。同时，适应新发展阶段新要求，深化水利供给侧结构性改革，积极寻找新的水利投资领域，以信息网络为基础，面向高质量发展需求，加强水利基础设施数字化建设、智慧水利建设投资，寻求传统水利建设与新基建的融合发展。

5.3.2 发挥水资源刚性约束作用促进产业布局调整，推动内循环协调发展

据初步调查统计，长江、黄河、淮河、海河、珠江、松花江和辽河等七大流域经济带的经济总量已达全国经济总量的98%，长江、海河、珠江等经济带更是高新技术创新基地。2020年11月15日，在江苏南京召开的全面推动长江经济带发展座谈会上，进一步强调要把长江经济带建成为我国生态优先绿色发展主战场、畅通

国内国际双循环主动脉、引领经济高质量发展主力军，进一步阐释了流域经济带在大循环中的重要战略地位。但是目前，不仅流域经济带之间发展不平衡不协调，而且流域经济带内也发展不平衡不协调，深刻影响国内大循环的推进。在这种背景下，水利应主动作为，适应构建国内大循环需求，抓住流域高质量发展机遇，发挥水资源的最大刚性约束作用，强化流域内国民经济和社会发展规划、国土空间规划、城市规划、产业园区、重大产业布局和建设项目等的水资源论证，严控海河、黄河、淮河、西辽河等水资源开发利用率已超40%生态警戒线流域的高耗水、高污染产业发展，推进人口、产业向水资源和经济发展条件较好的地区集约发展，系统推进流域产业转型升级、均衡发展；坚持生态优先、节水优先，统筹推进各流域产业布局和结构调整，推动流域间产业转移和承接，加快形成具有各流域特色的产业链和价值链，畅通流域内循环和流域间循环。

5.3.3 积极参与共建"一带一路"，促进国内国际联动发展，畅通双循环

在推动构建以国内大循环为主体、国内国际双循环相互促进的新发展格局过程中，我们也应推动国内外水利事业的联动发展，充分利用国际国内两个市场和两种资源来畅通内外循环，促进合作共赢。紧紧抓住国内水利基础设施建设投资与新基建投资机遇，通过大力培育并扩大内需和产业转型升级来实现"内循环"的高质量发展，谋划布局发展高端水利技术咨询产业，为更好地推动我国水利水电企业服务世界奠定基础；在推动畅通国内大循环的同时，应秉持人类命运共同体理念，持续实施"走出去"战略，积极与有关国

家推动把水利作为"一带一路"倡议下合作的重点领域之一，为双边和多边合作出谋划策；以推进水利技术标准国际化、强化水利技术标准交流研讨为途径，促进我国水利水电企业更好地融入国际经济社会发展大潮流，为推动内外双循环的协调发展注入新的动力，为全球水利事业可持续发展贡献中国智慧和力量。

在开启全面建设社会主义现代化国家新征程之际，水利发展任重道远。我们要立足新发展阶段，坚持新发展理念，在新发展格局中凝聚各方力量，科学谋划水利高质量发展，遵循系统观念的内在规律与实践要求，将系统观念贯穿水利发展全过程、各领域和各环节，从全局上、源头上、根本上把握问题、分析问题，以系统论的思想方法研究提出对策措施，统筹水利发展质量、结构、规模、速度、效益、安全，以水利高质量发展推动经济社会高质量发展。

6

立足生态优先，
统筹推进美丽中国建设

【编者导读】

本篇立足历史观、自然观、发展观、行动观四个维度，分析水利如何坚持系统论的思想方法助推美丽中国建设。"生态兴则文明兴，生态衰则文明衰"深刻诠释了生态在文明兴衰中的地位；人因自然而生，人与自然也是一种共生关系，解决山水林田湖草沙生态系统面临的问题，不仅要系统把握"山水林田湖草沙"的共生关系，而且要统筹把握"山水林田湖草沙"和"人"之间的共生关系；坚持"绿水青山就是金山银山"的发展观，既要在保护中实现发展，又要在发展中落实保护；建设美丽中国要坚持"五位一体"总体布局，充分发挥政府、市场和社会作用，实现共建共治共享。

党的十八大首次提出美丽中国建设，十八届五中全会把美丽中国建设纳入"十三五"规划。十九大报告提出要加快生态文明体制改革，建设美丽中国。二十大报告指出，要推进美丽中国建设，坚持山水林田湖草沙一体化保护和系统治理。水利必须要坚持系统论的思想方法，立足经济社会发展全局，跳出水利看水利，把中央的指示要求贯彻落实到治水实践，为加快建设美丽中国贡献水利智慧和力量。

6.1 坚持生态兴文明兴的历史观

"生态兴则文明兴，生态衰则文明衰"，从人类文明兴衰的高度揭示了生态环境的变化对文明兴衰的深远影响。我国古代楼兰文明和古巴比伦文明等的兴起与消亡，无不与生态环境的变迁息息相关。因此，我们必须走生态优先、绿色发展道路，为中华民族的永续发展筑牢生态根基。

6.1.1 生态兴则文明兴

人类文明的发展史，是一部生态的繁荣史，更是人水和谐的见证史。"逐水而居"是人类自古至今为了生存与发展一直遵循的基本规则。遍数古中国、古埃及、古印度、古巴比伦，无一不发源于水量丰沛、森林茂密、田野肥沃、生态良好的地区。正是有水的培育，才滋养了生态，孕育了文明。在古代，黄河流域气候适宜，水资源丰富，森林植被发育良好，是华夏先民的繁衍生息之地，是中华民族的主要发源地，这里诞生了伟大的农业文明，华夏文明也正是在这样的良好生态环境中产生和发展起来的。埃及地处北回归线附近，常年受副热带高气压带控制，气候炎热，降水稀少，但尼罗河贯穿全境，埃及成为撒哈拉沙漠中的绿洲，孕育了伟大的古埃及文明，希腊历史学家曾把埃及称为"尼罗河的赠礼"。印度河－恒河流域拥有丰饶的生态与环境，早在距今 4000 多年前，印度先民就在种植业、畜牧业、手工业方面创造了灿烂的文明，哺育了悠远的印度文明。古巴比伦文明起源于美索不达米亚，位于幼发拉底河和底格里斯河之间，水源充足，土壤肥沃，早期苏美尔人沿河定居，诞生了伟大的古巴比伦文明，也被称为"两河文明"。

6.1.2 生态衰则文明衰

生态可载文明之舟，亦可覆舟。恩格斯在《自然辩证法》中曾有描述："美索不达米亚、希腊、小亚细亚以及其他各地的居民，为了得到耕地，毁灭了森林，但是他们做梦也想不到，这些地方今天竟因此成了不毛之地。"[1] 历史上，丝绸之路一带曾经水资源丰富，植被良好，但由于人类的毁林开荒、乱砍滥伐、过度放牧，致使湖泊锐减、草场退化和沙化加剧，生态系统遭到严重破坏。楼兰这座

---

[1] 习近平. 深入理解新发展理念 [J]. 求是，2019（10）.

古代丝绸之路上的边陲重镇在辉煌了近 500 年后逐渐没有了人烟，在历史的舞台上悄悄消失。由于古巴比伦人对森林植被的过度砍伐和任意破坏，加之地中海的气候因素，致使河道和灌溉沟渠严重淤塞，人们不得不重新开辟新的渠道，而这些渠道又重新淤积，如此循环，水资源日益枯竭，生态系统破坏日趋严重，导致了古巴比伦文明的衰落。进入近现代，许多国家都曾走过"先污染后治理"的老路。上世纪发生的日本水俣病事件、洛杉矶光化学烟雾事件、伦敦烟雾事件等，对当地生态环境和广大民众生活造成了深远影响。这表明，良好的生态环境可以孕育灿烂的人类文明；同时，生态环境的变迁和人类的过度开发利用所导致的生态环境恶化，又开始威胁着人类文明的延续，需要人们牢牢吸取这些惨痛的历史教训，寻找新的发展之路。

"生态兴则文明兴，生态衰则文明衰"深刻诠释了生态在文明兴衰中的地位，也对"水"在生态和文明兴衰更迭中应有的作用提出了更高的要求。"节水优先、空间均衡、系统治理、两手发力"治水思路是习近平生态文明思想在水利领域的具体运用。我们要立足水在生态系统中的核心地位，以目标和问题为导向，坚持节水优先，强化水资源刚性约束作用，以用水方式转变倒逼经济社会发展方式转变，促进生态文明建设深度融入经济建设、政治建设、社会建设和文化建设；坚持空间均衡，协调人口经济与水资源水生态水环境之间的关系，在新型工业化、信息化、城镇化和农业现代化进程中促进人水和谐；坚持系统治理，统筹人与自然生态各要素，系统解决我国复杂水问题，持续提升生态系统的质量和稳定性；坚持两手发力，从水的公共产品属性出发，充分发挥政府主导作用、市场调节作用和社会协同作用，以水治理能力的不断提升加快推进美丽中国建设。

6.2　坚持人与自然和谐共生的自然观

党的十九大报告提出"坚持人与自然和谐共生"，并将其作为新时代坚持和发展中国特色社会主义的基本方略之一，这为我们正确处理人与自然关系提供了根本遵循，为统筹山水林田湖草沙系统治理提供了行动指南。

6.2.1　坚持山水林田湖草沙是一个生命共同体

山水林田湖草沙是一个生命共同体，人的命脉在田，田的命脉在水，水的命脉在山，山的命脉在土，土的命脉在林和草，形象地诠释了生态系统各要素之间以及整个生态系统与人的依存关系。我们的先人们也较早认识到了生态系统保护的内在联系，其中蕴含着生态文明智慧。《吕氏春秋》记载："竭泽而渔，岂不获得？而明年无鱼；焚薮而田，岂不获得？而明年无兽。"这段记载揭示了人的生存发展与自然密切相关，启示人们要保护好生态环境。宋代魏岘在《四明它山水利备览》中记载："四明占水陆之胜，万山深秀，昔时巨木高森，沿溪平地，竹木亦甚茂密，虽遇暴水湍激，沙土为木根盘固，流下不多，所淤亦少，开淘良易。近年以来，木值价高，斧斤相寻，靡山不童。而平地竹木，亦为之一空。大水之时，既无林木少抑奔湍之势，又无包缆以固沙土之积，致使浮沙随流奔卜，淤塞溪流，至高四五丈，……舟楫不通，田畴失溉。"从这段记载可以看出，魏岘已经认识到树木的根系能"盘固"沙土，防止流水对表土的侵蚀冲刷；表土如果没有林木根系"包揽"，则极易被侵蚀，随流冲走。其次，魏岘还认识到森林植被具有抑制地面径流、减少流量、降低流速、减少其侵蚀冲刷的能力，特别是河流两岸的树木在固沙护岸中作用更突出。可见，开展水治理，应遵循生态系统的整体性，深入研究山水林田湖草沙的共生关系，从而提出系统治理方案。

6.2.2 坚持人与自然是相互依存的共生关系

人与自然也是一个生命共同体。当人类合理开发利用、友好保护自然时，自然的回报常常是慷慨的；当人类无序开发、粗暴掠夺自然时，自然的惩罚必然是无情的。在对待自然问题上，恩格斯曾深刻指出："我们不要过分陶醉于我们人类对自然界的胜利。对于每一次这样的胜利，自然界都对我们进行报复。每一次胜利，起初确实取得了我们预期的结果，但是往后和再往后却发生完全不同的、出乎意料的影响，常常把最初的结果又消除了。"人类文明史实际也是人与自然关系的发展史。原始文明时期，人类必须依附自然，主要靠简单的采集渔猎获得生存所需；农业文明时期，人类广泛利用自然，主要靠农耕畜牧稳定地获取自然资源，支撑自身发展；工业文明时期，人类大规模改造自然，一度存在征服自然的理念，造成了生态环境的严重破坏；生态文明时期，人类充分认识到生态的重要性，开始修复生态、保护环境，人与自然的关系进入新阶段。可以说，人因自然而生，人与自然也是一种共生关系。解决山水林田湖草沙生态系统面临的问题，不仅要系统把握山水林田湖草沙的共生关系，而且要统筹把握山水林田湖草沙和人之间的共生关系，加快从改变自然、征服自然转向调整人的行为、纠正人的错误行为，实现山水林田湖草沙生态系统保护与经济社会发展双赢。

6.3 坚持绿水青山就是金山银山的发展观

坚持人口经济与资源环境相均衡的原则，是党的十八大提出的关于生态文明建设的一个重要思想。我们追求人水和谐、经济与社会和谐，实际也是在追求空间均衡。坚持绿水青山就是金山银山的发展观，关键要树立正确的发展思路，要扭转只要经济增长不顾其他各项事业发展的思路，既要在保护中实现发展，又要在发展中落实保护。

6.3.1 在保护中发展

在保护中发展，实际上是人类活动必须尊重自然、顺应自然、保护自然，不能违背客观规律。保护是为了更好的发展，保护生态环境就是保护生产力，改善生态环境就是发展生产力。让绿水青山充分发挥经济社会效益，不是要把它破坏了，而是要把它保护得更好。脱离环境保护搞经济发展，是"竭泽而渔"；离开经济发展抓环境保护，是"缘木求鱼"。从成功经验来看，修建于公元前256年的都江堰尊重自然、顺应自然，坚持人水和谐，依据地势和河势布设鱼嘴，将岷江分为内江和外江，丰水期间内江进水约占40%，外江进水约占60%，枯水期间内外江分水比例自动互换，既保护了自然生态，又保障了成都平原供水和防洪安全。从历史教训来看，内蒙古西辽河流域荒漠化既有降雨、气候变化等自然因素的影响，更有经济社会发展与资源环境不相匹配等原因。调查显示，内蒙古巴林右旗以及阿鲁科尔沁旗等地区，自 20 世纪 90 年代以来每年人口增长速率在 10% 左右，土地开发压力随之增大。此外，进入 21 世纪，我国经济发展也带动了该地区的畜牧养殖业，牲畜数量激增，进一步加剧了西辽河流域草原等资源的开发，导致土地荒漠化日趋严重。

6.3.2　在发展中保护

在发展中保护，实际上要求我们要充分发挥主观能动性，在认识和把握自然规律的基础上，根据规律发生作用的条件和形式利用规律，改造世界、造福人类。发展不仅是一个具有丰富内涵的科学概念，而且是一个动态概念。在发展中保护就是要坚持正确的发展思路和方式，正确认识并处理好经济社会发展和生态保护之间的关系。1992 年，邓小平同志视察南方时就提出了"发展是硬道理"，这是对国内外发展实践经验的深刻总结。随着经济社会的发展，针对我国生态环境面临的问题，胡锦涛总书记提出科学发展观，进一步就提高经济发展质量提出了要求。进入新时代，习近平总书记指出，发展仍是解决我国一切问题的关键，并提出了创新、协调、绿色、开放、共享的新发展理念，丰富和发展了科学发展观的内涵。其中绿色发展就是要解决人与自然和谐问题。可以说，党和国家对我国经济社会发展思路和方式的调整，是确保我国经济社会发展行稳致远和建设生态文明的根本遵循。江西兴国县坚持"绿水青山就是金山银山"的发展观，开展崩岗综合治理，对交通便利、靠近居民点的崩岗，采取"山上戴帽、山腰种果、山下穿靴"的方法，将崩岗整治为水平梯田，打造花果庄园，全县 2000 余处崩岗严重区域得到了有效生态恢复，经济效益、生态效益和社会效益显著。

对水利来说，我们要立足经济社会这盘大棋，在全局中思考和把握水利的战略地位。对表对标《中华人民共和国国民经济和社会发展第十四个五年规划和 2035 年远景目标纲要》，坚持规划先行，健全水利规划体系，进一步优化细化水资源开发利用与节约保护的总体格局；强化水资源刚性约束，持续推动经济社会发展布局与水资源水生态水环境承载能力相适应；坚持新发展理念，以绿色发展为引领，推动形成水资源节约集约安全利用的空间格局、产业结构、生产方式、生活方式，给自然生态留下休养生息的时间和空间，推动绿水青山转化为金山银山，让良好生态环境成为人民幸福生活的增长点。

6.4　坚持共同建设美丽中国的行动观

美丽中国是党的十八大提出的概念，强调把生态文明建设摆在突出位置，融入经济建设、政治建设、文化建设、社会建设各方面、各环节和全过程。建设美丽中国就要坚持"五位一体"总体布局，充分发挥政府、市场和社会作用，实现共建共治共享。

6.4.1　坚持"五位一体"总体布局

美丽中国包含了"五位一体"的建设，从政治、经济、文化、社会、生态这五个维度共同擘画出美丽蓝图。生态文明是美丽中国的内在要求，美丽中国是生态文明建设的外在指向。美丽中国建设不仅指自然生态环境的天蓝、地绿、山清、水秀，还指经济社会的更高质量、更有效率、更加公平、更可持续、更为安全的发展。加强生态文明建设，就是要为我国经济建设提供源头活水，增强可持续发展能力；就是为政治稳定和发展提供生态基础，为政治建设提供丰富的生态滋养；就是要打造生态文化，丰富和发展文化建设内涵和外延；就是要打造宜居生态环境，持续提升人民群众的生活质量和福祉。水利作为生态文明的有机构成，要紧紧围绕"五位一体"总体布局，以促进经济社会高质量发展和加快建设美丽中国为目标，以遵循生态系统治理客观规律为前提，充分发挥水利对经济社会发展的支撑、保障、引领和调节作用。不仅要为防洪安全、供水安全、粮食安全、经济安全、生态安全、国家安全提供坚实的水安全保障，还要探索发挥水利在推动经济高质量发展的引领和调节作用，推动把水资源消耗、生态损害、生态效益等体现生态系统质量状况的指标纳入经济社会发展综合评价体系，使水资源刚性约束真正成为调整人的行为和纠正人的错误行为的重要导向。

6.4.2 坚持充分发挥各方积极性

美丽中国建设集政治建设、经济建设、文化建设、社会建设和生态文明建设于一体，决定了推进美丽中国建设必须充分发挥各方积极性。水利作为美丽中国建设的重要一环，在发挥各方积极性方面要做好以下三方面的工作。一是要发挥政府"有形之手"的宏观调控作用，更好地发挥中央和地方的积极性。对水利来说，重点要合理划分涉及水利的中央事权、中央和地方共同事权和地方事权①，

---

① 比如国家水安全战略和重大水利规划、政策制定，跨流域、跨国界河流湖泊以及事关流域全局的水利建设、河湖管理、水资源管理等涉水活动管理作为中央事权；跨区域重大水利项目建设维护等作为中央和地方共同事权；区域水利建设项目、水利社会管理和公共服务等作为地方事权。

进一步明晰各级政府的职能重心，实现水行政管理整体效能最大化。二是要发挥市场"无形之手"的调节作用。建立和完善统一、开放、竞争、有序的水市场体系，发挥水资源的经济属性，充分利用水资源税和水价等手段，实现水资源利用效益和效率的最大化；改善水利领域投融资环境，吸引更多社会资本参与水利建设。以江西兴国县水土保持治理为例，自2018年以来，江西兴国县共投入水土保持"以奖代补"资金1657万元，充分发挥市场调节作用，带来2635万元社会资本参与水土保持生态建设，资金撬动率达到1：1.6，水土保持治理面积达到160平方千米，效果显著。三是要发挥社会"自己的手"的协同作用。从制度上更好地发挥社会组织在涉水事务管理中的作用，尤其对于小型水利工程，可采用产权登记制度，通过发放小型水利工程产权登证或使用证，明确所有权、使用权和管理权，增强管护主体的责任心和积极性。

党的二十大绘就了美丽中国建设的宏伟蓝图，毋庸置疑，水利必然要发挥不可或缺的作用。水利人要以"利万物而不争"的格局，"功成不必在我，功成必定有我"的情怀，主动担当，奋发有为，坚持系统观念，强化顶层设计，守护好碧水，助推美丽中国建设。

7

系统治水视域下之传承
和弘扬优秀水文化

【编者导读】

　　本篇立足水文化视角，深刻认识水文化在推进系统治水过程中的当代价值与作用，研究分析推进水文化的思路和对策。水文化是中华传统文化的有机构成，也是水利事业不可或缺的重要内容，传承弘扬优秀传统水文化，要系统把握好继承和创新的关系、理论和实践的关系、社会效益和经济效益的关系、政府主导和公众参与的关系，通过加强研究阐发、系统保护、传播推广、创新发展、制度建设，系统推进水文化建设，为新阶段水利高质量发展提供强有力的文化支撑和保障。

文化是民族存续发展的重要精神力量。没有中华文化的繁荣兴盛，就没有中华民族的伟大复兴。党的十九届五中全会明确提出要传承弘扬中华优秀传统文化。水文化既是中华传统文化的重要组成，也是水利事业不可或缺的有机构成。习近平总书记高度重视水文化建设，要求"统筹考虑水环境、水生态、水资源、水安全、水文化和岸线等多方面的有机联系"[①]，并对保护传承弘扬利用黄河文化、长江文化、大运河文化作出一系列重要指示批示："要深入挖掘黄河文化蕴含的时代价值，讲好'黄河故事'，延续历史文脉，坚定文化自信，为实现中华民族伟大复兴的中国梦凝聚精神力量。"[②]"要把长江文化保护好、传承好、弘扬好，延续历史文脉，坚定文化自信。要保护好长江文物和文化遗产，深入研究长江文化内涵，推动优秀传统文化创造性转化、创新性发展。要将长江的历史文化、山水文化与城乡发展相融合，突出地方特色，更多采用'微改造'的'绣花'功夫，对历史文化街区进行修复。"[③]"大运河是祖先留给我们的

---

① 习近平.论把握新发展阶段、贯彻新发展理念、构建新发展格局 [M].北京：中央文献出版社，2021：440.
② 习近平.习近平谈治国理政（第三卷）[M].北京：外文出版社，2020：379.
③ 习近平.论把握新发展阶段、贯彻新发展理念、构建新发展格局 [M].北京：中央文献出版社，2021：443.

宝贵遗产，是流动的文化，要统筹保护好、传承好、利用好。"① 贯彻落实习近平总书记关于水文化的系列指示要求，传承和弘扬中华优秀的传统水文化，讲好"水文化"故事，不仅是系统治水的重要内容，也是推动水利高质量发展的内在要求。

7.1 深刻认识传统水文化的当代价值

水文化伴随着中华文明而生，作为一种母体文化，其涉及范围广，内涵丰富。广义的水文化通常被定义为人类与水密不可分的生产生活活动中所创造的物质和精神成果的总和，是人类识水、用水、治水、管水、护水、赏水、亲水的产物。狭义的水文化通常是指人类从事水事活动的观念、心理、方式及其所创造的精神产品，包括与水有密切关系的思想意识、价值观念、行业精神、行为准则、政策法规、文学艺术等②。优秀传统水文化凝聚了中华文明发展的结晶，积淀着中华民族最深沉的精神追求，孕育着现代生态文明思想，具有生生不息的时代价值。

7.1.1 水文化书写着中华文明的历史脉络

水是生命之源，江河是人类文明的摇篮。尼罗河孕育了古埃及文明，底格里斯河和幼发拉底河哺育了两河文明，印度河与恒河滋养了古印度文明，流淌在东方的黄河、长江孕育了蕴藉深厚的中华

---

① 习近平.做好大运河保护利用的大文章（人民政协新实践）[N].人民日报，2022-09-08.

② 陈雷.弘扬和发展先进水文化促进传统水利向现代水利转变[J].中国水利，2009（12）：17-22.

文明。"缘水而居，不耕不稼"形象展示了原始人类选择居住场所的景象。中国古代王朝的盛衰兴替也与治水兴水有着密不可分的联系，从夏商周上古三代至唐宋元明清，在四千多年政权的形成和发展中，有作为的统治者无不把治水作为治国兴邦的头等大事。大禹治水、秦始皇兴修水利、汉武帝瓠子堵口、隋炀帝兴修大运河、宋太祖疏河通漕、康熙帝重视河务漕运等，都可以看出治水在历史上的重要政治地位。历代对水的开发、利用、治理与保护实践不仅直接参与了中华物质文明的创造，还极大丰富了中华精神文明的宝库，留下了宝贵的文化遗产。此外，不同流域的水土和气候也造就了中华民族独特的人文历史和地域文化，如黄河流域的三秦、三晋、齐鲁文化，长江流域的巴蜀、荆楚、吴越文化等。

7.1.2 水文化滋养着中华民族的精神沃土

在漫漫的历史长河中，江河湖海不仅是人类赖以生存的物质资源，也是滋润人类精神与灵魂的甘泉。古人在认识水、开发利用水、治理保护水、品鉴欣赏水的过程中引申的美学意境、阐发的哲学思考、凝结的人文精神，以神话传说、诗词歌赋、文学著述、音乐戏曲等艺术形式代代流传，滋养着中华民族的精神世界。在古代思想家眼中，水代表着最好的德行修养。"水利万物而不争""海纳百川，有容乃大"是包容大度的象征；"天下莫柔弱于水，而攻坚强者莫之能胜，以其无以易之"是对坚韧顽强的赞扬；"水流而不盈，行险而不失其信"是刚健中正的表露；"循流而下易以至"是审时度势、顺势而为的启发；"不积小流，无以成江海"是厚积薄发的智慧；"逝者如斯夫，不舍昼夜"是自律惜时者的感慨。在古代政治家眼中，水蕴含着治国之道、兴世之计。"水能载舟，亦能覆舟"是对君民共治的论证；"从谏如流，从善如流"是广纳民智民意的反映；"政清如水"是对公平公正的歌颂；"民归之，犹水之就下"是顺应民意的启发。此外，历史上治水兴水实践中形成的宵衣旰食的奉献精神、持之以恒的实干精神、锲而不舍的拼搏精神、开拓进取的创新精神、实事求是的务实精神等，已成为中华民族精神的重要内涵。

7.1.3　水文化丰富着生态文明的思想内涵

我国传统水文化中蕴含着丰富的生态理念，人与自然和谐相处的思想在人类识水、治水、兴水实践中开始萌芽，古代智者先贤对自然及水生态环境认识也在实践中不断更新发展。《论语》"钓而不纲，弋不射宿"，《孟子》"数罟不入洿池""斧斤以时入山林"，《吕氏春秋》"竭泽而渔，岂不获得，而明年无鱼"等，都蕴含了按照大自然规律活动，取之有时、用之有度的可持续发展思想。历史上代表当时先进水平的治水实践中也都闪烁着人水和谐的智慧光芒。秦蜀郡守李冰主持修筑的都江堰，运用水的自然规律解决防洪、排沙、灌溉难题，使成都平原沃野千里；秦修筑郑国渠，充分利用自然地形，引泥沙量较大的泾水进行灌溉，改造盐碱地，增加土质肥力，关中地区尽成膏腴之田；此外，灵渠"湘七漓三"的设计、宁夏引黄古灌区无坝引水自流灌溉、它山堰、京杭大运河、坎儿井等无数水利物质遗产，以及大禹治水"疏川导滞、分流入海"的思想，西汉贾让提出的不与水争地、给洪水以出路的"治河三策"，潘季驯"筑堤束水、以水攻沙"的治黄方略等，无不闪烁着科学治水理念的光辉，凝聚着古人尊重自然、顺应自然、与水和谐相处的智慧与努力。这些丰富的生态理论和实践对当代生态文明建设具有重要的启发价值和借鉴意义。

7.2 系统把握传承和弘扬传统水文化的四组关系

传承和弘扬水文化，要坚持继承和创新统一，理论与实践结合，社会效益和经济效益兼顾，政府主导和公众参与协同，推动构建符合文化事业和水利事业发展规律的水文化传承弘扬体系。

7.2.1 继承和创新的关系

继承是创新的前提和基础，而创新是对继承内容的升华与发展。推动优秀传统水文化的传承弘扬，既要继承思想精髓，又要创造时代价值。一方面，水文化博大精深，其物质及非物质文化遗产中所蕴含的历史文明精髓、道德修养精华、生态哲学智慧等，不仅让中华民族在抵抗各种自然和人为风险挑战中立稳脚跟并发展壮大，而且对当前政治、经济、社会、文化、生态发展也具有重要的参考借鉴价值。汲取水文化精华，有所传承，有所启迪，才能更好地延续行业乃至民族血脉。另一方面，文化的生命力和竞争力在于创新。水文化在中华民族长期治水兴水实践中积淀而成，其内容和表现形式必然会随着时代和社会的发展而发展，需要我们把握时代特点推陈出新，以满足人民群众美好生活向往为目标，赋予传统水文化鲜明的时代内涵和丰富的表现形式，架起沟通历史与现代的桥梁。

7.2.2　理论和实践的关系

理论是实践的先导，实践是理论的来源。传承弘扬传统水文化要坚持理论和实践相统一。一方面，水文化理论指导着水利实践的发展方向，应具有突出的实践性。传统水文化理论体系建设，应着眼于服务当前水利改革发展，加强对自然规律、经济规律、社会规律和治水规律的研究，大力阐发传统水文化中人水和谐思想的丰富内涵和时代特征，推动从文化角度审视和解决新老水问题成为社会的自觉意识和行动，推动实现人水和谐。另一方面，水利实践也影响着传统水文化生命力的延续与扩展。水利实践中应充分渗透文化特色，在水工程、水景观建设中融入水文化因素，提升水工程文化品位，在水利精神文明建设中弘扬传统治水精神，展示行业形象，彰显行业特色。

7.2.3　社会效益和经济效益的关系

传承和弘扬传统水文化，要坚持把社会效益放在首位，社会效益和经济效益相统一。一方面，文化事业归根到底是人民的事业，文化产品带有鲜明的意识形态属性[①]。在文化建设中应充分体现公益性原则，加大水文化建设财政支持力度，建立水文化建设的专项资金和发展基金，通过兴办实体、资助项目、提供服务和捐赠等形式不断拓宽水文化资金筹措渠道。另一方面，文化产品本身还具有商品属性，应当注重发挥市场在文化资源配置中的积极作用，以市场为导向，依托区域历史、自然资源优势，面向公众需求，深度开发

---

① 李国泉 . 习近平文化建设思想论纲 [J]. 理论导刊，2016（1）：85-89.

水文化产品，积极培育水文化产业的形成，大力推动水文化产业的发展。

7.2.4　政府主导和公众参与的关系

传承和弘扬水文化要坚持政府主导和公众参与协同。政府和群众都是参与文化建设实践的主体，一方面，要充分发挥水行政主管部门在水文化建设中的主导作用，牢牢把握水文化传承弘扬的发展方向，明确发展目的，研究发展战略，组织发展力量，构建全国性水文化研究和建设的组织网、智囊团、人才库，把水文化建设纳入水利发展总体规划，纳入科学发展评价考核体系。另一方面，要充分发挥广大人民群众在水文化传承弘扬中的主体作用。人民群众既是服务主体，也是践行主体。既要坚持以人民为中心的基本宗旨，努力向全社会提供内容丰富、形式多样的水文化产品和服务，也要发挥人民群众的主体意识，最大限度地调动群众参与水文化建设、保护、传承、发展的积极性、主动性、创造性，让优秀传统水文化的传承弘扬成为社会的自发自觉。

7.3　全过程推进传统水文化的传承和弘扬

传承和弘扬中华优秀传统水文化是一项系统工程，要加强研究阐发、系统保护、传播推广、创新发展、制度建设，以完整的理论实践体系和整体推进的态势促进水文化的繁荣进步，为新阶段水利高质量发展提供有力的思想保证和精神动力。

7.3.1 加强研究阐发，为水文化传承弘扬提供源头活水

加强研究阐发是文化传承弘扬的重要前提。要按照习近平总书记提出的"讲清楚中华优秀传统文化的历史渊源、发展脉络、基本走向，讲清楚中华文化的独特创造、价值理念、鲜明特色"的要求，对水文化进行系统研究。围绕人与水、社会与水、经济与水的关系，通过加强对思想认识、制度设计、治水理念、价值取向、精神文明等领域水文化理论的研究，充分挖掘阐发水文化中可以跨越时空、富有恒久魅力、具有当代价值的文化精华，倡导具有传统特色、符合时代特征的生态观、文化观、价值观。在"十四五"时期，应以江河文化、区域水文化、水文明起源等为重点，挖掘黄河文化的发展演变、精神内涵和时代价值，讲好"黄河故事"。深入研究长江文化内涵，推进长江历史文化、山水文化与城乡发展相融合。挖掘大运河历史价值，加强大运河文化交流共享和活态利用。开展史前水利与文明起源研究，追溯水文化历史起源。

7.3.2 加强系统保护，为水文化传承弘扬提供基础资源

文化遗产保护是文化传承弘扬的重要基础。我国传统水文化遗产资源丰富，但当前，部分工程建筑遗址、工具器具、非物质文化遗产正在面临破坏或消失的问题。加强水文化遗产的系统保护，首先要摸清文化家底，结合水利遗产普查，对涉水的各类人文思想、制度规范、经济活动、文学艺术、遗迹遗址、风土人情、自然景观、文化设施等进行统计，构建水利遗产名录管理体系，为保护水文化遗产提供依据；其次要开展水文化遗产抢救和保护，做好水文化遗产的挖掘、保护、修缮、申遗等工作，最大限度维护其功能和景观

的完整性和真实性；最后要加强水文化遗产的合理利用，结合国家文化公园建设工程、黄河文化保护传承弘扬工程、大运河文化保护传承利用工程，依托沿线具有重大历史、科技、社会、景观价值且保存较好的水利遗产，打造江河历史风情带、水利科普园地、河川公园、民俗展览馆、文化展示平台等，鼓励地方政府开展恢复历史水系、打造水文化风光带等城市水文化风貌构建，延续城市历史文脉。

7.3.3　加强传播推广，为水文化传承弘扬提供广阔平台

传播推广是文化传承弘扬的重要手段。当前水文化传播还存在一些现实问题，比如囿于水利行业的狭小圈子，不能向社会提供内容丰富多彩的水文化产品，对外交流宣传不足等。加强水文化传播推广，首先要立足国内，以满足人民群众需求为目标，丰富传播形式，开发文学、影视、动漫、戏剧、书画、美术、音乐等多种传播形式，拓展传播渠道，利用好广播电视、报纸杂志等传统媒体，大力发展互联网、云计算、大数据、网络直播等新兴大众传媒技术，加强教育普及，鼓励中小学、高校开设传统水文化教育校本课程，组建水文化相关各类师生社团协会，开展内容丰富的水文化研学实践和科普活动，组织开展水文化进社区、进机关、进企业、进农村，构建覆盖广、影响深的水文化传播普及体系。同时，加强水文化传播推广，也要面向世界，利用"一带一路""孔子学院""澜湄合作"等媒介契机，通过国际水事活动和国际水组织平台，加强国际水文化合作交流，研究设立国际水文化交流中心，开发对外文化宣传产品，传播中华治水理念、治水经验，传播中国崇尚和平、追求

正义、共谋发展的价值理念，为确立"全人类共同价值"、建立"人类命运共同体"贡献水利力量。

7.3.4　推动创新发展，为水文化传承弘扬提供不竭动力

创新发展是文化传承弘扬的动力引擎。推动水文化创新发展，应按照习近平总书记提出的"重点做好创造性转化和创新性发展"的要求，紧跟时代特点和人民群众需求，对传统的文化元素和陈旧的表现形式加以改造，赋予其新的时代内涵和价值，激发其更强的生命力和影响力。要以水利工程为载体，秉承把每一项水利工程打造为优秀传统文化与时代精神结合的艺术品的理念，充分挖掘可以体现地域历史文化、人文精神的素材，在规划期统筹考虑哲学、历史、艺术、建筑、生态等文化元素的融入，并积极配建具有文化展示和科普功能的数字博物馆，利用"互联网+"技术让文化"活"起来、"立"起来；要以水利风景区为平台，依托流域性、区域性江河湖泊和重点水利工程水利风景区集群建设，打造一批水利风景区水生态文化长廊，在重要节点设置文化展示设备设施、场所场景，彰显和传播文化魅力；要发展水文化产业新业态，在国家重大流域、区域发展战略带动下，将水文化产业、文化贸易的发展与经济结构调整、产业结构优化升级相结合，与扩大国内需求、满足人民群众美好生活向往相结合，积极探索"水文化+"的产业体系发展路径，与影视、演艺、教育、出版、网络、信息、旅游、服务等相关产业融合发展，大力倡导和积极支持水文化创意产业的兴起和发展，推出富含历史底蕴、具有水利特色、符合时代审美、贴近现实需求的高品质水文化产品，创造更大的经济和人文价值。

7.3.5 加强制度建设，为水文化传承弘扬提供政策保障

制度建设是文化传承弘扬的重要保障。要逐步完善水文化传承弘扬的政策制度体系。鼓励将水文化列入地区文化建设、工程建设和河湖管理等相关制度规范；建立有利于水文化理论创新的相关规划和成果评价应用机制；健全水利遗产普查、登记、建档、认定、保护管理制度；建立水文化建设咨询机制，成立跨学科、跨领域多层级水文化专家咨询委员会；建立激励与奖励机制，吸引和鼓励企业、社会组织及个人投入水文化建设项目；建立监督考核机制，将水文化保护、传承、弘扬列入各级水行政部门重要议事日程和水利部精神文明单位建设考核体系等[①]。

---

① 李先明，成积春.中华优秀传统文化传承体系的构建：理论、实践与路径 [J]. 南京社会科学，2016（11）：138–145.

8

系统治水视域下
《黄河保护法》的再认识

【编者导读】

　　本篇立足流域的系统性和完整性，分析论证系统治水视域下推进黄河流域制度建设路径的优劣：修订现行法律法规，可以弥补局部或者具体制度缺陷，但不能解决黄河流域缺乏综合法的问题；制定行政法规《黄河流域管理条例》，能解决综合性法律缺失问题，但受行政法规的调整对象内容有限、位阶效力较低影响，难以全面系统调控流域各项涉水社会关系;《黄河保护法》[①] 可以有效解决上述问题，有利于将水资源、水环境、水生态、水文化和高质量发展纳入调整范围，强化流域系统治理和水利行业管理职能。

---

　　① 《中华人民共和国黄河保护法》，本书中简称为《黄河保护法》。

黄河流域孕育了灿烂辉煌的中华文明，在中华五千年文明史上，长达三千多年一直是我国政治、经济、文化中心。历史发展到今天，黄河流域在我国经济社会发展和生态安全方面仍具有十分重要的地位，保护黄河是事关中华民族伟大复兴的千秋大计。加强黄河流域的法律保障，依法治河，依法兴水，是延续和复兴华夏文明的重要保障。中华人民共和国成立以来，我国黄河流域法规制度建设取得长足进展。但是，随着流域水情的变化，加之受流域内人类不当行为等因素的影响，新老水问题在黄河流域日益凸显，亟需制定一部能够统筹各方面内容的综合性法律，以破解流域发展遇到的困难和瓶颈。20世纪90年代以来，推动黄河立法的呼声一直没有停止。一些学者对黄河立法开展了深入研究，一些人大代表提案要求加快制定《黄河保护法》，水利部门更是立足黄河流域实际和发展需求，在推动黄河立法方面做了大量工作。2019年9月，习近平总书记在黄河流域生态保护和高质量发展座谈会上指出，黄河流域生态保护和高质量发展是重大国家战略，要抓紧开展顶层设计。从流域层面，制定综合性、系统性的《黄河保护法》，构建长效机制，是促进黄河流域水资源节约集约利用，推动流域高质量发展极为重要的一环，是顶层设计的重中之重。在水利等有关方的共同努力下，2022年10月，第十三届全国人民代表大会常务委员会第三十七次会议审议通过《黄河保护法》，并于 2023 年 4 月 1 日起施行。

8.1 《黄河保护法》是综合各种立法路径作出的最优选择

加快完善黄河流域制度建设，既可以通过修订现行涉水法律法规，也可以通过制定国务院行政法规，但我国最终选择了法律位阶层面的《黄河保护法》，这是综合流域经济社会发展实际和水情做出的最优选择。

8.1.1 制定《黄河保护法》和修订现行法律法规的比较选择

黄河一直"体弱多病"，水患频繁，当前仍存在一些突出困难和问题。这些问题，表象在黄河，根子在流域。这充分说明了在流域层面系统把握黄河水问题的重要性和紧迫性。流域治理是国家治理的重要组成部分，坚持以流域为单元制定《黄河保护法》，就是要立足流域生态系统的整体性，系统认识和准确把握黄河流域存在问题的"表象"和"根子"之间的关系，在制度设计上更加注重流域层面的系统治理、综合治理、源头治理。完善流域层面的制度建设，强化政府的整体性治理，促进政府内部机构和部门的整体运作和互动，实现流域治理从分散走向集中，从部分走向整体，从破碎走向整合①。其核心要义在于通过协调、整合机制和制度体系的构建，发挥多元主体的整体治理效能和优势，实现黄河流域治理体系和治理

---

① 竺乾威. 从新公共管理到整体性治理 [J]. 中国行政管理，2008（10）：52–57.

能力现代化，为社会和公众提供更加优质的公共产品和服务[①]。

实际上，流域不仅是一个从源头到河口的水文单元，而且是一个在其边界范围内逐渐形成的自然－经济－社会复合生态系统[②]。这种复合系统特征决定了流域立法应从整体上把握各要素的关系，推进综合性立法，避免"头痛医头、脚痛医脚"和"只见树木、不见森林"的突击性立法[③]。在《黄河保护法》出台之前，黄河流域已初步形成了以《水法》为主体，以《防洪法》《水土保持法》《水污染防治法》等行业单行法及《黄河水量调度条例》《黄河河口管理办法》《黄河下游引黄灌溉管理规定》等流域单行法为两翼的法规体系[④]。但《水污染防治法》等多面向生态系统的局部功能，如《水污染防治法》主要针对水生态系统局部生态功能进行制度设计，相对忽视了流域的整体性功能，一定程度上人为割裂了流域系统的内在联系，难以实现流域生态系统各要素的优化配置[⑤]。《黄河水量调度条例》等流域单行法仅适用于水量调度等某一方面，对于需要系统治理的流域点源面源污染防治、产业结构调整以及新旧动能转换，缺乏专门的流域综合法律调整。制定《黄河保护法》，就是要在流域

---

① 丰云.从碎片化到整体性：基于整体性治理的湘江流域合作治理研究 [J].行政与法，2015（8）：15-23.

② 岳健，穆桂金，杨发相，等.关于流域问题的讨论 [J].干旱区地理，2005，28（6）：775-779.

③ 黄辉，沈长礼.需求导向型生态立法模式研究 [J].河北工业大学学报（社会科学版），2019（4）：1-6.

④ 《中华人民共和国水法》《中华人民共和国防洪法》《中华人民共和国水土保持法》《中华人民共和国水污染防治法》，本书中分别简称为《水法》《防洪法》《水土保持法》《水污染防治法》。

⑤ 陈晓景.中国环境立法模式的变革：流域生态系统管理范式选择 [J].甘肃社会科学，2011（1）：191-194.

层面充分发挥流域综合性立法的协调统一、协同创新功能，加快形成完备的黄河流域法律制度体系。

8.1.2　《黄河保护法》和《黄河流域管理条例》的比较选择

在流域层面制定《黄河保护法》，充分考虑了黄河流域的系统性、整体性。如果单从流域层面的系统性和整体性立法需求看，既可以选择制定综合性法律《黄河保护法》，也可以选择制定综合性行政法规《黄河流域管理条例》，那么，黄河流域为什么要选择制定《黄河保护法》，而不是《黄河流域管理条例》呢？其根本原因之一在于黄河流域层面立法的调整范围涵盖了流域方方面面的内容。所以，《黄河保护法》立法工作不能就水论水，而要立足流域发展全局，全面系统把握流域开发和保护与经济社会发展之间的关系，在内容上不仅包括流域管理机构和行政区域之间的事权划分，而且包括中央与地方的事权划分；不仅包括水资源、水环境、水生态及防洪保安等内容，而且包括水文化的内容；不仅包括生态环境保护，而且包括经济社会的高质量发展，等等。对这些内容，行政法规受调整范围限制，难以实现全面调控。

另外，制定行政法规《黄河流域管理条例》固然可以为黄河流域保护和治理提供统一的立法支撑，但是行政法规有其固有缺陷：一方面，行政法规的法律位阶低于法律，受《水法》等上位法既有一般性规定的限制，作为下位法行政法规的《黄河流域管理条例》难以在黄河流域治理体制机制方面寻求更大的突破。另一方面，如果《黄河流域管理条例》与既有的《黄河水量调度条例》等行政法规发生冲突时，将导致前者处于尴尬地位。因为在法的关系上，前者与后者是一般法与特别法、新法与旧法的关系，根据法的一般适用原则，特别法优于一般法，而新法又优于旧法，最终会导致流域法规适用的无所适从。制定《黄河保护法》则能够有效避免上述问题的产生。

8.2 《黄河保护法》既是综合法，又是特别法

综合上述分析可知，《黄河保护法》是超越传统部门和行业分割治理局限的立法，既是一部涵盖黄河流域保护和治理各方面内容的综合法，又是一部专门适应黄河的特别法。

8.2.1 《黄河保护法》是综合法

《黄河保护法》立足整个黄河流域生态环境系统，遵循水资源等自然资源要素以及所组成的生态系统、经济系统和社会系统的时空演变规律，而不是仅仅从局部或者单个行政区域单元利益出发，这一特性构成了《黄河保护法》调整对象综合性的根本原因。为此，《黄河保护法》在内容上应针对黄河流域的各项活动进行规范，囊括防洪保安、水资源保护、水量调度、生态保护、产业结构调整和水文化保护等各项活动。当然，强调《黄河保护法》的综合性，并不排斥在《黄河保护法》之外针对特定事项进行专项立法，而是力求在更高层面上对黄河流域一般性问题加以高度凝练和概括，并尽可能实现制度的具体性、规范性与确定性。对于不能统一作出科学详尽规定的，应通过单行法的方式作出具体规定，比如针对黄河下游滩区、黄河源区、东平湖保护和管理等特殊问题，可以制定出台专

项行政法规或规章，设计不适合在《黄河保护法》中做出具体规定的有关制度。

8.2.2　《黄河保护法》是特别法

从法的相互关系看，《黄河保护法》是专门针对并适用于黄河流域的特别法，《水法》《防洪法》《水土保持法》《水污染防治法》等几部法律与《黄河保护法》属于同一位阶的一般法与特别法的关系[①]。通常，一般法是对一般事项有效，或在全国有效，或在法律修改和废除之前的任何时间内均有效的法律；特别法是适用于特定事项、地域或仅适用于特定主体的法律[②]。其中，《水法》对涉水事务规定的一般性特征突出，与《黄河保护法》属于典型的一般法与特别法的关系；相比《防洪法》《水土保持法》《水污染防治法》，《黄河保护法》在防洪保安、水土保持、水污染防治这三个领域可设置具有流域特色的规定，前者与后者也属于一般法与特别法的关系。《黄河保护法》作为特别法，优先于其他法律适用于黄河流域，一切有关黄河的社会行为均应当符合《黄河保护法》的精神和原则。

8.3　《黄河保护法》重点制度分析

《黄河保护法》制度设计立足黄河流域水情和特点，坚持以流域为单元，全面统筹左右岸、上下游、陆上水上、地表地下，系统把

---

① 汪全胜.“特别法”与“一般法”之关系及适用问题探讨 [J]. 法律科学（西北政法学院学报），2006（6）：50–53.

② 中国社科院法学研究所法律辞典编委会 . 法律辞典 [M]. 北京：法律出版社，2003：1383–1734.

握山水林田湖草沙各要素，把水资源作为最大刚性约束，着力解决黄河流域在生态环境保护、防洪保安、水资源保障和高质量发展等方面存在的问题。

8.3.1 关于调整范围

《黄河保护法》按照习近平总书记提出的"让黄河成为造福人民的幸福河"的目标要求，适应新时代黄河流域经济社会发展需求，结合黄河流域存在的主要问题，坚持生态优先，在调整范围上统筹考虑水资源、水环境、水生态、水文化和流域高质量发展等方面的内容，设置了生态保护与修复、水资源节约集约利用、水沙调控与防洪安全、污染防治、促进高质量发展、黄河文化保护传承弘扬等章，为更好实现流域防洪保安全、优质水资源、健康水生态、宜居水环境、先进水文化以及高质量发展提供坚实的制度保障。

8.3.2 关于治理体制机制

《黄河保护法》作为一部适用于黄河有关的一切行为活动的综合法，完善黄河流域治理体制机制也是《黄河保护法》的立法重点。布雷顿（Breton）最优区域配置理论认为：所有公共物品都对应一个最优使用者数量，即覆盖一个优化的地理区域，必须由一个能代表消费该公共物品的特定群体的政府来承担提供该产品的职能。也就是说，地方性公共产品主要由地方政府提供，而全国性的公共产品主要由中央政府提供①。黄河流域生态保护和高质量发展作为重大

---

① Boadway R W，Wildasin D E. 公共部门经济学 [M].2 版 . 邓力平，译 . 北京：中国人民大学出版社，2000 : 300–355.

国家战略，针对黄河流域的保护和治理，就应由凌驾于现行区域管理体制之上的机构来实施。目前，黄河流域管理机构是具有行政职能的事业单位，不是国家行政序列上的一级行政机关，缺乏权威的统筹和协调职能[①]。因此，完善黄河流域治理体制的一个重要任务就是要在坚持现行流域治理体制的基础上，进一步强化全流域系统治理。为此，《黄河保护法》第四条明确规定：国家建立黄河流域生态保护和高质量发展统筹协调机制，全面指导、统筹协调黄河流域生态保护和高质量发展工作，审议黄河流域重大政策、重大规划、重大项目等，协调跨地区跨部门重大事项，督促检查相关重要工作的落实情况。

8.3.3 关于防洪保安

洪水风险依然是黄河流域最大的安全风险。黄河上游宁蒙河段河槽淤积、新悬河凸显，防凌问题突出，中游洪水威胁依然存在，下游"二级悬河"与游荡性河势威胁黄河大堤安全，滩区经济发展需求与防洪保安之间矛盾突出。所以，《黄河保护法》关于防洪保安的制度设计重点聚焦水沙关系和滩区管理。在水沙调控体系上，考虑到现状干支流水库仍不能有效解决宁蒙河段河槽淤积等问题[②]，《黄河保护法》要求国家依据黄河流域综合规划、防洪规划，在黄河流域组织建设水沙调控和防洪减灾工程体系，完善水沙调控和防洪防凌调度机制。在调控机制上，《黄河保护法》要求实行黄河流域水

---

① 高志锴，晁根芳. 黄河法立法问题分析 [J]. 南水北调与水利科技，2014，12（2）：120–124.

② 陈翠霞，安催花，罗秋实，等. 黄河水沙调控现状与效果 [J]. 泥沙研究，2019（2）：69–74.

沙统一调度制度，进一步强化流域管理机构统一调控职能，建立健全以流域管理为主、行政区域协同配合的水沙调控运行管理机制。滩区管理涉及人口、土地、生态环境、社会经济发展等方方面面，《黄河保护法》也作了一般性的顶层设计规定，具体的管理制度或措施可以通过制定行政法规或部委规章加以细化。

8.3.4 关于水资源保障

黄河流域近年来水量显著减少，流域水资源短缺和用水需求增长之间的供需矛盾突出 [1]，设计黄河流域水资源保障制度就要关注这些重点问题。为此，《黄河保护法》单独设置"水资源节约集约利用"一章，强调以流域为单元，推进水资源的统一配置、统一调度。坚持国家对黄河水量实行统一配置，综合考虑黄河流域水资源禀赋条件、区域用水状况、生态环境状况、节约用水水平以及洪水资源化利用等多种因素，探索建立黄河水与外调水、常规水与非常规水的统一配置制度，实现合理分水。坚持对黄河流域水资源实行统一调度，科学设计地表水与地下水、黄河干流和支流水资源统一调度制度，并将专项规划、开发区和新区规划以及实施国家重大战略等纳入水资源论证范围。坚持两手发力，建立健全能够反映水资源稀缺程度和市场供求关系的水价形成机制，对于城镇居民生活用水和具备条件的农村居民生活用水，实行阶梯水价；对于高耗水工业和服务业，实行高额累进加价；对于非居民用水，实行超定额累进加价。发挥水价杠杆作用，促进水资源节约集约利用。

---

① 张建云，贺瑞敏，齐晶，等.关于中国北方水资源问题的再认识[J].水科学进展，2013，24（3）:303-310.

8.3.5　关于高质量发展

目前，黄河流域存在经济社会发展布局与水资源水环境承载能力不匹配、经济发展方式较为粗放、新旧动能转换和基础设施建设相对滞后等问题，深刻影响着流域高质量发展。黄河上中游7省（自治区）发展不充分，与我国东部地区及长江流域存在明显差距。合理平衡流域生态环境保护和经济社会可持续发展之间的关系，促进流域整体联动发展，是《黄河保护法》需要解决的一个重大问题。因此，《黄河保护法》立足流域水情和发展特点，单独设置了"规划与管控""促进高质量发展"两章，明确了流域和区域国土空间开发的总体要求，坚持"宜水则水、宜山则山，宜粮则粮、宜农则农，宜工则工、宜商则商"，明确黄河流域产业结构和布局应当与黄河流域生态系统和资源环境承载能力相适应，加快建立适合流域发展要求的产业规划体系。

8.4　结语

整体来说，《黄河保护法》出台之前，黄河流域初步形成了以《水法》为主体，以《防洪法》《水土保持法》《水污染防治法》等行业单行法及《黄河水量调度条例》等流域性单行法律法规为两翼的法规体系，但缺乏流域和法律层面的综合性法律或制度设计，对于流域国土空间开发、经济社会发展布局、产业结构调整等缺乏系统的制度安排。可以说，流域综合性法律的缺失，是黄河流域制度建设最为薄弱的环节，也是新老水问题在不同区域不同程度存在的重要原因之一。

解决黄河流域制度体系建设存在的问题有多种途径：修订完善现行法律法规，虽然可以弥补局部或者具体的制度缺陷，但不能破解黄河流域缺乏综合法的问题；制定行政法规《黄河流域管理条例》，虽然能解决综合性法律缺失问题，但受行政法规的调整对象内容有限、位阶效力较低影响，难以全面调控流域各项涉水社会关系；制定超越传统行业立法限制的《黄河保护法》，则可以有效解决上述问题，既能解决流域综合法缺失问题，有利于将水资源、水环境、水生态、水文化和高质量发展纳入调整范围，又能强化流域管理机构统筹协调职能和水利行业管理职能，突出生态环境保护、防洪保安、水资源保障和高质量发展方面的制度安排和设计。

实践探索篇

1

浦阳江流域治水除患保平安，
兴水惠民谋幸福

【编者导读】

浦阳江，又称浣江，素有"浙江小黄河"之称，是浙江金华市浦江县的母亲河。浦阳江（浦江段）在治污前，水晶、家纺、挂锁、塑料等产业废（污）水排放点多面广且严重，以致浦阳江（浦江段）一度成为远近闻名的"牛奶河""七彩河""垃圾河"，浦江县也曾是浙江省环境最差的县。2011 年春夏之交，浦阳江突发大洪水，浦江县白马镇腾飞中路住宅、店面大范围进水，浦阳江两岸葡萄田大面积受淹。新老水问题相互交织，严重影响地区经济社会发展和人民群众对美好幸福生活的追求。2013 年，浦江县落实浙江省委省政府要浦江为全省治水"撕开一个缺口、树立一个样板"的要求，率先打响了"五水共治"的第一枪，也开启了系统治水的新征程。

浦江县隶属浙江省金华市，地处浙江中部，素有"文化之邦""书画之乡""水晶之都""挂锁基地""中国绗缝家纺名城"之称。浦江县的快速兴起，与水晶、挂锁和纺织业的发展密不可分，但繁荣背后也曾带给其境内母亲河浦阳江沉痛的水资源水环境水生态代价。浦阳江（浦江段）治理是针对浦阳江（浦江段）存在的洪涝灾害和水污染等新老水问题，贯彻生态文明理念，统筹岸上岸下，系统推进的水治理方式。

1.1 浦阳江（浦江段）及其水问题概述

浦阳江，又称浣江，素有"浙江小黄河"之称，是浦江县的母亲河，发源于浦江县花桥乡高塘村，自西向东流经西部山区，到东塘村流入通济桥水库，出库后横穿浦江盆地，在白马镇塘里村北出境，注入诸暨安华水库。浦阳江河长 150 千米，流域面积 3452 平方千米。在浦江县域境内干流长度为 49.61 千米，水资源总量 3.58 亿立方米，人均水资源量 4310 立方米，流域面积 518.63 平方千米，占县域面积的 57%，流域范围覆盖 10 个乡镇和街道。

调查显示，浦阳江（浦江段）两岸在 2013 年治污前，聚集了浦江县约 90% 的工业企业，但产业结构低小散，水晶、家纺、挂锁、塑料等产业拥有大量低水平的家庭加工点，工业废（污）水排放点多面广且严重。同时，流域两岸生活着 52 万左右的人口（其中外来人口大约 20 万人），生活污水排放和畜禽养殖污染也不容忽视，加之浦江县系浦阳江源头，年径流量小，环境容量有限，客观情况导致浦阳江（浦江段）水污染日益严重，出境断面水质连续 8 年为劣 V 类，是远近闻名的"牛奶河""七彩河""垃圾河"，浦江县也曾是浙江全省环境最差的县。

2011 年春夏之交，浦阳江突发大洪水，浦江县白马镇腾飞中路住宅、店面大范围进水，浦阳江两岸葡萄田大面积受淹。新老水问题相互交织，严重影响地区经济社会发展和广大人民群众对美好幸福生活的追求。严峻的形势迫使浦阳江（浦江段）治理成为摆在当地县委县政府面前的一项刻不容缓的艰巨任务。

翠湖治理前（一）

翠湖治理前（二）

东一堰坝治理前

1.2　主要做法

2013 年，为践行"绿水青山就是金山银山"理念，落实浙江省委省政府要浦江为全省治水"撕开一个缺口、树立一个样板"的要求，浦江县率先打响了浙江省"五水共治"的第一枪，全面启动浦阳江（浦江段）综合整治工程，推出水环境综合整治工程项目84个，投资60多亿元，系统推进防洪排涝工程、河道生态工程及生态廊道建设，打造美丽幸福河。

1.2.1 在全局关系上准确把握"经济发展方式"和"水污染问题"之间的关系

浦江县按照"问题在水里、根子在岸上"的基本思路，全面开展低小散产业、畜禽养殖行业、农村生活污水等整治，关停水晶加工户和污染企业21520家，畜禽养殖场645家，拆除涉水违章建筑近15万平方米。在关停和拆违的同时，又给广大人民群众想出路，探索经济转型和升级，投资20亿元建设东、南、中、西4个中国水晶产业园，推动水晶产业从低端向高端转变，从根上解决"水污染源头"和"经济发展路子"问题，不仅实现了生态环境保护和经济发展双赢，而且促进了老百姓对地方政府的高度认同。"泉自政府来，甘在群众心；鱼水情谊深，共奔小康村。"浦江老百姓以朴实的话语表达了对浦江县委县政府的感激、感恩之情。

1.2.2 在治理理念上探索践行"生态优先"理念

根据调查，浦阳江（浦江段）治理2012年率先从浦江县浦阳江白马段堤防应急加固工程开始，先行实施的"新合济桥至第二污水处理段"堤防采用传统硬质护坡，虽满足了防洪排涝要求，但生态景观性较差，离浦江县作为浙江省生态文明建设试点县的目标要求差距较远。因此，2013年8月、11月，浦江县政府先后召开浦阳江流域生态文明建设协调会、浦阳江治理工程生态河道设计方案论证会，改变单纯以防洪为目标的单一设计，及时进行生态治理设计变更，城区河道以防洪为主兼顾生态，农村河道以生态为主兼顾防洪，将城镇防洪、生态治理、清淤疏浚、乡村振兴有机结合，同步推进河道、绿道、廊道、湿地、行洪区"五位一体"建设。

1.2.3　在治理措施上坚持"五不三增二保留"原则

"五不三增二保留"，即不搞大拆大建、不砍原生树、不动河道沙、不铺硬质护坡、不浇大体量混凝土；增加绿色植物、增加生态配水、增加亲水设施；保留滩林、边滩等河流自然特性，保留古桥、古堰、古文化。为此，浦江县多次主动调整堤型设计结构，将硬质堤防变更为抛石、连排桩等自然驳岸形式，最大可能保留原有边滩、江心洲等天然河道元素，重点保护滩林和岸坡植被，绝不允许无故砍伐；大力开展植树造林，乔灌草藤结合；建设人工湿地，净化水质恢复生态，恢复水域面积和提高防洪能力；实施水系连通工程，打通流域与流域、库与库及河、渠、塘之间的连通联网，让清水流起来、动起来，形成一张覆盖全区域、全流域的城乡水网。

1.2.4　在治理体制上，以"'五水共治'工作领导小组""河长制"为平台凝聚各方力量共抓综合整治

治水是一项系统工程，浦江水利部门依托"'五水共治'工作领导小组""河长制"平台凝聚各方力量综合施策。一是成立了以浦江

县地方政府为主导、县机关部门参与的"五水共治"工作领导小组，重新整合水利等各部门力量，下设水晶及重点污染行业专项执法组、水晶园区建设组、基础设施建设组、农业面源污染整治和生态修复组、河道污染整治组、重污染行业整治组、饮用水源保护建设组、防洪排涝组等16个小组，各组各司其职，共推浦阳江（浦江段）综合治理。二是探索发展了河长制。浦江县是浙江省最早实施河长制的县市之一（开始时称为江段长），2014年就开始全面推行集治水、管护、发展为一体，具有综合协调功能的"河长制"，建立落实县、乡、村三级"河长制"；2016年实施"制度化、专业化、信息化、景观化"的水利工程标准化管理，实现了"有人管和有钱管"，做到了"全面管、管得好"。

1.2.5　在治理效果上治出了"绿水青山"和"金山银山"

浦阳江（浦江段）治水治出了"绿水青山"。综合治理工程完工后，浦阳江（浦江段）共保留胸径大于30厘米的古树3382株，补种了枫杨3117株、垂柳1148株、凤尾竹1338株；种植芦苇、美人蕉等水生植物30余万株，种植云南黄馨、丰花月季6000余平方米；建成翠湖等6个大型人工湿地和168个村的小型人工湿地；变更堤顶泥结石路面为彩色透水混凝土绿道，变更堤顶路侧石为花坛，变更直立高挡墙为梯级挡墙，变更混凝土高堰为低缓大漂石生态堰；连通县域内浦阳江、壶源江两大水系及重要支流、水库，实现了水系连通。一套系统治理的组合拳，推动浦阳江（浦江段）形成了山水相连、林田相依、河湖畅通的水生态系统。

治理后的浦阳江（浦江段）形成了20年一遇防洪闭合圈，成功抵御了 2017 年、2019 年等多次大洪水；打造了安全流畅、生态健康、文化彰显、管护高效、人水和谐的美丽河湖，出境断面水质从整治前的连续 8 年劣 V 类稳定提升至地表水 III 类，浦阳江同乐段更被浙江省人大确定为可游泳河段。2017 年，浦阳江（浦江段）率先完成标准化管理创建，获评国家水利风景区、国家湿地公园、省级美丽河湖、浙江省"最美家乡河""最美绿道"等。

浦阳江（浦江段）治水治出了"金山银山"。浦江县以浦阳江（浦江段）综合治理为基础，调整优化地区产业结构，深挖古堰、古桥及水系连通等有关的水文化，统筹水利、生态、文化、休闲、运动和旅游等方面的建设，走出一条以流域水环境治理为抓手，以水生态修复为基础促进产业发展的可循环之路。治水不仅没有打断经济发展节奏，而且改善了生态环境和社会环境，促进了小而散经济向集约化规模化经济转变。绿水青山也带动了乡村旅游业的振兴发展。脱胎换骨后的浦阳江，催生了大美浦江，不仅使得每一位浦江人都"望得见山，看得见水，记得住乡愁"，也让慕名而来的外地客流连忘返，沉醉于诗画浦江。一、二、三产业的改造升级，给浦江带来了实实在在的好处，全县 GDP 由 2013 年的 175.41 亿元增至 2019 年的 230.16 亿元。城镇居民人均可支配收入由 2013 年的 30711 元增至 2021 年的 55066 元，农村居民人均可支配收入由 2013 年的 12389 元增至 2021 年的 28014 元。浦江群众钱袋子鼓起来了，知水爱水节水护水的意识也提高了。如今在浦江，收缴水费已不再是什么难事，广大群众还自觉参与河道管护，与政府部门一起守护好"绿水青山"和"金山银山"。

翠湖治理后

东一堰坝治理后

1.3 启示与思考

浦阳江（浦江段）的成功治理表明，系统治理作为新时代治水思路的重要组成部分，既是一种方式方法，更是一种思想理念。落实"系统治理"，不仅需要各方协同发力，更需要从观念上转思路、想出路。

1.3.1 系统治理需要积极争取高位推动和政府支持

系统治理是一项综合性工程，需要争取高位推动和政府的大力支持。浦阳江（浦江段）的成功治理，也正是得益于浙江省委省政府推动的"五水共治""三改一拆"行动和"清三河（垃圾河、黑河、臭河）"行动。因此，落实"系统治理"治水思路，强化水利行业监督管理，水利部门应依托"河湖长制""最严格水资源管理制度"等平台，因地制宜研究提出系统治理方案，不仅要继续巩固提升"最美建设者"角色，更要塑造"方案设计者"和"河湖监管者"角色。

1.3.2 系统治理需要跳出行业限制，促进各方协同发力

水问题的复杂性，决定了其治理需统筹发挥各方合力。水利部门要跳出行业限制，依托地方政府发挥其他部门的协同作用，不能就水论水。浦江县前期在关停水晶加工等污染企业过程中，推动工商、税务、消防等部门审查相关企业是否履行相应的行政审批手续，证件是否齐全，剔除违法违规企业；推动环保、住建等部门督促相关企业建设沉淀池，缓解水污染问题。但终因各部门缺乏统筹谋划与布局，未能从根上解决水污染问题。最后，浦江县在县委县政府的统一协调下，强化宣传部门的舆论引导和规划部门的统一布局，多部门协同推动水晶加工等污染企业关停和产业升级，才彻底打赢了这一仗。实践证明，只有打破体制机制上的障碍，各部门通力合作，才使得问题迎刃而解。

1.3.3 系统治理需要强化宣传引导，营造良好外部环境

调查显示，早在2006—2007年间，针对水晶产业等对浦阳江（浦江段）造成的水污染问题，浦江县也曾强制关停水晶加工等污染

企业，但由于在浦江县从事水晶产业的外来人口众多，而水晶产业又是其家庭经济支柱产业，广大人民群众在心理上未做好关停水晶加工等污染企业的准备，困难和阻力重重。2013 年，依托浙江省全面推行的"五水共治"行动和大环境，浦江县通过报纸、电视、广播等手段，在舆论上积极宣传引导浦阳江（浦江段）治理规划和有关设想，营造良好社会氛围，使广大人民群众在心理上逐渐认同，确保水晶加工等污染企业后续关停的顺利推进。

1.3.4　系统治理需要强化法治保障和考核问责

浦江县将系统治理纳入法治化轨道，严格责任追究，倒逼治理主体依法依规履责，规范涉水行为，维护良好水事秩序。一是严格法律适用，浦江县全面梳理了涉及国土、规划、环保、城管等方面22 条法律法规规定，哪条法规硬就套哪条法规，推行"重典治污和治违建"。二是严格行政和刑事执法，对乱扔垃圾等恶习处以罚款，单笔最大罚单达 10 万元；对偷排、电鱼、乱倒固废等违法人员，实施行政拘留 336 人、刑事拘留 78 人；对饮用水源地违规别墅依法依规迅速拆除，起到了良好的警醒示范作用。三是严格考核问责，对"清三河"执行不力的 2 名书记和 1 名镇长问责。

1.3.5　系统治理需要强化社会和公众参与

实施系统治理，需要促进政府主导、社会协同。浦江县制定了《浦江县"五水共治"公众参与制度》，开展了五轮万人"清三河"行动；建立了 302 支义务护水队，巡查促改乱扔垃圾等十大陋习；探索把河道长效管理工作要求写入村规民约，结合村民自治，真正变"要我治水"为"我要治水";等等。通过全民参与,打造共建共治共享的水治理格局,形成了人人参与、人人监督、人人有责、人人尽责的社会治理共同体。更重要的是,浦阳江(浦江段)治水使得浦江人的主动治理意识和环保意识明显提高,全县各村在全国率先实现了农村垃圾分类,生活环境优美整洁,群众幸福指数明显提升。

1.3.6　系统治理不仅需要转思路,更要想出路

浦阳江(浦江段)的成功治理不是一朝一夕的事情,曾经历了2006—2007年浦江县老百姓对关停水污染企业的不理解,并遭受了挫折。面对困难,浦江县委县政府及水利等有关部门痛定思痛,着眼长远,在关停企业的同时谋划水晶等产业园发展,推动产业升级换代,既实现了水治理思路和目标,更促进了地区经济社会的可持续健康发展,为百姓谋幸福。因此,推进系统治理,不仅需要政府转思路,充分调动各方积极性,更要想方案、想对策,为百姓谋出路。

浦江举全县之智、全民之力实现了浦阳江(浦江段)的脱胎换骨,既成功实现了产业转型,又确保了河流健康,满足了人民对美好生活的追求,用实际行动诠释了"绿水青山就是金山银山"的理念,趟出了一条人与自然和谐共生的可持续发展之路。

(致谢:在案例调查总结过程中,浦江县水务局原局长彭思灿,浦江县河湖管理中心原主任傅克平、工程师陈璐,浦江县摄影家协会主席何敏等领导和专家给予了大力支持,提供了大量素材,在此表示衷心感谢。)

2

茜溪流域系统治水释活力、
乡村振兴焕新貌

【编者导读】

　　茜溪是钱塘江流域壶源江源头支流之一，位于浙江省金华市浦江县西部历史人文积淀丰厚的虞宅乡。茜溪流经的虞宅乡是浦江县水晶玻璃产业的发源地，快速发展的水晶玻璃产业给乡村老百姓带来了可观的收入，解决了乡村"绿色贫困"问题，但农村环境问题随之而来，"金色污染"问题日益凸显，河流生态环境受到前所未有的破坏，茜溪成了"牛奶河""垃圾河"，老百姓也深受其害。2013年，茜溪流域落实浦江县"五水共治"的总体部署，痛定思痛，按照推进生态文明建设和加快实施乡村振兴战略的总体要求，系统推进流域水治理，既保护好乡村河湖生态环境，又助推了乡村产业发展，为实现水美乡村提供了有益参考。

　　茜溪是钱塘江流域壶源江源头支流之一，位于浙江省金华市浦江县西部历史人文积淀丰厚的千年虞宅乡，发源于浦江与建德之间的天雷山，滋养着两岸 4 个行政村，14 个自然村，5400 口人。茜溪全长 13.1 千米，在前山畈汇入壶源江干流，流域面积约 40 平方千米，年降雨量 1500 毫米，是典型的山溪性河流。

　　茜溪流经的虞宅乡是浦江水晶玻璃产业的发源地，早在 20 世纪 80 年代，就有水晶玻璃工艺品加工企业落户虞宅，随着规模增大和产值提升，茜溪旁的新光村、智丰村等成为全国知名的磨珠专业村，随即水晶打磨、加工业快速向浦江全县扩展，到 2012 年，浦江的水晶工厂和家庭作坊式已达到 2.2 万家，从业人员达 20 万人。快速发展的水晶产业带来了可观的经济收入，但环境问题随之而来，一些家庭作坊式的水晶加工户废水直排、固废乱堆、肆意违建，河流生态环境受到前所未有的破坏，茜溪成了"牛奶河""垃圾河"。2010 年新光自然村户籍数 209 户，家庭作坊却有 316 个，村内臭气熏天，"黑河""臭河""牛奶河""垃圾河"四水环绕。

　　痛定思痛，浦江县以"两山"理念为指引，坚定落实生态文明建设发展战略，以系统治理、幸福河湖建设引领带动茜溪内所有村子进行全域改造、全域整治，逐步实现了茜溪全域整洁、全域美丽和全面乡村振兴，茜溪被评为国家 4A 级景区，虞宅乡成为浙江省乡村振兴示范乡镇。

2.1 统筹岸上岸下，实现产业兴旺

2.1.1 推动水晶产业升级换代

浦江县按照"问题在水里、根子在岸上"的基本思路，全面开展低小散产业、畜禽养殖行业、农村生活污水等整治，关停水晶加工户和污染企业 21520 家。在关停和拆违的同时，又给广大人民群众想出路，探索经济转型和升级，投资 20 亿元建设东、南、中、西 4 个中国水晶产业园，推动水晶产业从低端向高端转变。虞宅乡积极配合上级政策，整治全乡水晶加工点 2247 家，整合企业 120 家迁入西部水晶园区。从根上解决了"水污染源头"和"经济发展路子"问题，不仅实现了生态保护和经济发展双赢，还促进了老百姓对地方政府的高度认同。

2.1.2 打造旅游新业态

浦江县创新旅游开发模式，推行"官办民助"模式，引进青年创业联盟共同发起并成立了新光村廿玖间里旅游青创基地和双井房文创园。乡政府前期充当投资者角色（官办），提供免租三年、信息通信等扶持，并积极争取税费减免、融资信贷等优惠政策，完成了环境打造和古建筑修缮等基础设施建设；随后引进创客联盟第三方力量进行开发运营（民助），创客联盟负责创客基地的规划，吸引来

自杭州、义乌以及浦江本地的创客开设店铺，引导创客聚焦于软件环境的打造，重点吸引非遗手工类、民宿类、轻餐饮类等适合亲子和度假等类型的创客进驻，其中有小酒吧、青创咖啡、智能交通、旅游、农产品体验馆、地质科普馆、花艺、饮食、健康果汁等。同时发展电子商务，建立线上平台，将基地里的线下体验和网络上的线上消费融为一体。创客基地获得极大成功，荣获 2015 年年度旅游产业融合创新奖。目前有店铺 30 家、掌柜 44 人，周末游客最多能达到 1 万人。

2.1.3　发展特色村

坚持高端引领、品牌带动，"高大上"与"小而精"相结合，形成一村一景、一村一品。投资额 7000 万元，马岭村成功打造高端民宿"不舍·野马岭中国村"，引领茜溪乃至全县的民宿产业发展；新光村引进 2200 万元的省自驾游基地项目建设，打造全省自驾游样板基地；下湾村以乡、村、工商资本合作模式与浙江顺途资产管理有限公司完成项目签约，投资 4500 万元开发"隐逸·太极水涧"项目；乌儿山自然村建成浦江最大香榧采摘游基地；枫树下自然村投资 4000 万元，建成了"花间里·枫树下"千亩花创基地项目，突出花食、花咖啡、鲜花民宿、鲜花养生等产业，成为集循环农业、创意农业、农业体验于一体的鲜花田园综合体，实现生态农业、休闲旅游的关联共生、长效发展。在高端项目的示范带动下，原来从事水晶加工产业的人纷纷向乡村旅游转型，收入不减反增，实现了经济发展与美丽生态兼得，"绿水青山"与"金山银山"齐飞。

2.2　综合整治环境，实现生态宜居

2.2.1　打造美丽河湖

2013 年以来，虞宅乡坚决贯彻浦江县委县政府"五水共治"部署，关停取缔水晶加工户 2247 家，清理"垃圾河""黑河""臭河" 68 条。针对点源污染治理，虞宅乡关停了禁养区内的 6 家养殖场，对剩余的 3 家规模养殖场排泄物实行干湿分离、雨污分流，并全部运往山地蔬菜和蜜梨田进行消纳，实现了 100% 资源化利用。全面实施覆盖全乡的农村生活污水治理工程，因地制宜采用截污纳管、联户、差异化治理三种模式，铺设管网 1.2 万米，改造化粪池 300 余户，建设湿地 15.37 亩，所有村的生活污水治理全部得到覆盖。将美丽庭院创建、农村生活污水治理、垃圾分类等工作与美丽乡村建设有机结合，创建美丽庭院 250 余个，建设人工湿地 1 万余平方米，实现垃圾减量 50% 以上，等等。通过综合整治，全乡河湖生态环境得到全面改善，境内河流水质均稳定在Ⅱ类。2019 年茜溪被评为浙江省"美丽河湖"，2018 年茜溪绿道被评为"最美绿道"。

2.2.2　打造最美民居

狠抓落实"三改一拆"工作，拆除违法建筑 6.6 万平方米，并将拆违后区块进行绿化美化。按照县委县政府提出的"美丽田园诗、古朴山水画"要求，积极开展茜溪美丽乡村精品线建设。累计投资达 3000 余万元，按照"一村一品"规划，融入历史、生态、文化、民俗等多种元素，保护延续历史文化基因，留下乡村记忆，完成了前明村等 6 个节点建设，前明村、西山自然村和朱村畈自然村 165 户

的农房改造安置，并对新建农房外墙立面实施改造，新光村等 3 个村被评为省级美丽宜居示范村。时任浙江省委书记夏宝龙在 2015 年 3 月到茜溪考察途中，看到农房改造后的坞坑自然村后特意下车走村入户，称赞"新农村就是要这个样"。

2.2.3　打造最美古道

古道对古代区域间经济流通、商业发展、文化传播等起了重要作用，具有较高的文化旅游价值。虞宅乡古道资源丰富，较为知名的有马岭古道、瞿岩岭古道、黄岭古道，因现代交通的发展，这些古道一度荒芜。依托古道沿线良好的水生态环境和秀丽风光，迎合现今火热的古道，虞宅乡积极实施了古道修缮工程，清除杂草、修复石板、重建凉亭，把古道承载的历史和文化重新展现于世人。在 2015 年浙江省最美森林古道评选中，马岭古道被评为"浙江十大经典古道"。

2.3　挖掘乡村文化，彰显乡风文明

2.3.1　发扬孝义文化

2019 年，浦江县以《郑氏规范》为蓝本，在茜溪全域弘扬家风家训，创新建立"5+1"好家风评价体系，将遵纪守法、邻里和睦、环境卫生、家庭和谐、诚信致富五项内容纳入村民考核内容，每季度开展一次评比，设立"红""黄"榜，将评比结果及时张榜公布。还以党员"就近就亲就便"联系农户网格作为治理单元，由每名党员担任网格长，联系 5 ~ 10 户农户，发动群众共同做好网格内河湖环境卫生整治、民生实事帮扶、法律法规宣传等工作。各行政村还

将"五水共治""垃圾分类""美丽乡村"等内容纳入村规民约，各村纷纷设立"好家风墙""好家风路"，建立"好家风档案"，把"好家风指数"作为征兵政审、各类评选的重要依据，以看得见、摸得着、感受得到的方式，共同倡导家风正、民风淳、社风清的善治风尚，带动乡风文明持续好转。

2.3.2　发展非遗文化

虞宅乡新光村底蕴丰厚，民俗文化留存完整，长久留存：灵岩板凳龙，由几十节、几百节板凳串联而成，阵型变化丰富，夜晚时分，灯内烛火通明，犹如一条真龙在村庄里盘旋升腾。2006 年，板凳龙被列入首批国家级非物质文化遗产。浦江乱弹，以浦江当地民歌"菜篮曲"为基础，在"诸宫调"讲唱艺术和戏剧南戏的相互影响下形成和发展起来，曲调流畅、舒展，表演粗犷有力，具有农民艺术的特色。2005 年 5 月，浦江乱弹入选浙江省首批非物质文化遗产名录。什锦班活跃于浦江各种民俗活动中，是浦江乱弹的重要表演形式。起源于朱宅新屋的徽班乱弹，是浦江有文字记述以来最早创办的徽班剧团，也是首批国家级非物质文化遗产浦江乱弹的重要组成部分。新光村还有省级非遗项目浦江豆腐皮，市级非遗项目试水龙、梨膏糖，县级非遗项目清明粿、索粉面等。

2.3.3　发展乡创文化

2015 年，浦江县引进以陈青松为代表的浦江县青年联盟，共同打造廿玖间里青年创客基地。这是一个将创客工厂搬进百年古宅的青年团队，他们努力将乡村改造成为"文化＋旅游＋互联网＋创客"的共生孵化模式，向人们传递"随心、随性、随行"的乡村旅游理念；为更多的大学生创业者搭建平台，开创青创店铺 48 家；坚持文化赋能，强化"保护—利用—开发"，召开文化挖掘和保护例会，设计诒毅堂展陈；举办"国潮节"等特色文化活动，增强文旅厚重感，单日游客接待量达 3 万人次；抓住"直播带货"新机遇，对接第一网红直播村义乌江北下朱，联合廿玖间里青创基地开展助农直播，大力发展直播文化。2021 年 5 月 1 日，浦江县县长戴翀亲自直播推介，多平台累计观看超过 1600 万人次。

2.4 完善社会治理，实现治理有效

2.4.1 探索发展河长制

浦江县是浙江省最早实施河长制的县市之一（开始时称为江段长），2014 年就开始全面推行集治水、管护、发展为一体，具有综合协调功能的"河长制"，建立落实县、乡、村三级"河长制"，完善基层治理河湖治理架构。在此基础上，虞宅乡全面开展"清三河""污水零直排"工作，对包括茜溪在内的 37 条河流形成"一河一策""一村一台账"，每两月开展"最美河段""最差河段""最美保洁员"评比，并投入 100 余万元治水资金，对河道进行清垃圾、清污水、清淤泥、清违建，对河道施行物业化清漂保洁，彻底恢复了水清、水净、水洁面貌。

2.4.2 创新河湖治理手段，实现以河养河

在浦江县的壶源江流域探索集体承包、股份制承包、合作制承

包、个人承包、公司承包等多种山区河道经营权承包模式，实现经营权出让。每公里河道年均收取出让费用 200~500 元，每公里河道年均增收 8000 元以上，收取的费用全部用于河湖管理。仅此一项，村集体每年可增加收入 1 万元，节省保洁经费和渔业巡逻管理费 1 万元，每年增收 2 万元以上。

2.4.3 强化基层治理

抓牢党员队伍，突出红色引领机制。虞宅乡累计出动党员 2 万余人次，带头整治河湖和农村环境卫生，清理乱堆乱放，成为引领全民参与整治的旗帜。锤炼年轻干部队伍，组建青年突击队。坚持整治"全乡参与、青年先行"，由 35 岁以下乡干部组建青年干部突击队，参与侯中公路两侧交通疏导、门前屋后卫生整治、垃圾分类排查劝导。自成立以来，突击队开展全面整治行动已达 50 余次，成为虞宅乡小城镇综合整治的一面旗帜。

2.5 持续改善民生，实现生活富裕

茜溪流域虞宅乡的华丽转变，只是浦江县"五水共治"的一个缩影。可以说，大美浦江不仅使每一位浦江人都"望得见山，看得见水，记得住乡愁"，也让慕名而来的外地客流连忘返，沉醉于诗画浦江。初步统计显示，通过系统治水，浦江生态环境公众满意度由 2013 年的多年连续倒数第一升至 2020 年的全省排名第二。与此同时，生态环境改善又倒逼了一、二、三产业的改造升级，更给浦江带来了实实在在的好处。全县旅游收入由 2013 年的 16.97 亿元

增至 2020 年的 210.1 亿元，增长 163%；水晶行业税收由 2013 年的 0.3 亿元增长至 2020 年的 2.15 亿元，增长 88%。全县 GDP 由 2013 年的 175.41 亿元增长至 2020 年的 230.16 亿元；城镇居民人均可支配收入由 2013 年的 30711 元增至 2020 年的 48326 元，增长 8.14%；农村居民人均可支配收入由 2013 年的 12389 元增至 2020 年的 23306 元。

茜溪流域的虞宅乡新光村先后获评国家级美丽宜居示范村（第四批）、全国"十大跨界旅游创客基地"、"全国生态文化村"、中国乡村旅游创客示范基地、第二届中国美丽乡村百佳范例、2020 年第一批国家森林乡村、2020 年第二批全国乡村旅游重点村，大踏步走上了生活富裕的康庄大道。2018 年，为丰富新光村乡村旅游业态，满足游客娱乐多样化需求，引导游客二次消费，新光村引进金华弘瑞旅游开发有限公司投资建设元宝山玻璃天桥及周边娱乐设施。该玻璃桥每天可容纳 8000 人观光体验，年收入达 240 万元。

系统治水释活力，乡村振兴焕新貌。浦江群众钱袋子鼓起来了，知水爱水节水护水的意识也提高了。如今在浦江，收缴水费已不再是什么难事，广大群众还自觉参与河道管护，与政府部门一起守护好"绿水青山"和"金山银山"。

（致谢：在案例调查总结过程中，浦江县河湖管理中心原主任傅克平、工程师陈璐等领导和专家给予了大力支持，提供了大量素材，在此表示衷心感谢。）

3

十堰市五河共治护源头、
一库清水连南北

【编者导读】

南水北调工程事关战略全局、事关长远发展、事关人民福祉。十堰市是南水北调中线核心水源区，是名副其实的"北方水井"。2015 年前，丹江口库区及上游十堰控制的神定河、泗河、犟河、官山河、剑河（统称"五河"）面临着严峻的水污染形势，南水北调中线水质深受影响。为破解五河治理难题，实现国务院确定的中线工程通水时五河达到水功能区水质要求、2015 年全部达标的要求，十堰市牢牢把握五河"问题在水里、根子在岸上"这条主线，以主城区污染治理为重点，坚持多方参与、共同治理，统筹岸上岸下，以刮骨疗毒的勇气系统开展五河治理，打造了全国"黑臭河"治理样板，为保障"一库清水永续北送"做出重大贡献。

十堰市地处我国中央山地，秦巴山区汉水谷地，是南水北调中线核心水源区，承担着保障"一泓清水北送"的重要任务，是名副其实的"北方水井"。丹江口库区及上游十堰控制单元共有 12 条入库河流，2012 年以前，其中的 7 条河流水质稳定达标，剩下的神定河、泗河、犟河、官山河、剑河（统称"五河"）面临着严峻的水污染形势，尚处于不达标状态，水质均为劣 V 类，要实现国务院确定的中线工程通水时五河达到水功能区水质要求、2015 年全部达标的要求难度很大。国务院高度重视五河治理问题，多次作出重要批示，要求抓紧采取措施，务必保证水质安全。在这种背景下，十堰市秉持高度的责任感和强烈的使命感，以敢为人先的气魄破除体制机制障碍，统筹岸上岸下，以刮骨疗毒的勇气开展五河治理，打造了全国"黑臭河"治理样板，为保障"一库清水永续北送"做出重大贡献。

3.1　五河及其水问题概述

五河流域位于十堰市中部，是十堰市政治、经济、科技、文化和信息中心，集中了全市主要城镇人口和工业企业，涉及张湾区、茅箭区、郧阳区、丹江口市、武当山特区和十堰经济技术开发区等县（市、区）的8个街道办事处、10个乡镇（管理区）、225个行政村（社区）。五河流域概况见表1。

表1 五 河 流 域 概 况

序号	流域名称	流域面积 /km²	长度 /km	多年平均入库径流量 / 万 m³
1	神定河	227	58.1	11330
2	泗 河	469	67	13301
3	犟 河	316	50.2	10347
4	剑 河	47.2	26.5	1482
5	官山河	451.9	69.2	10092
合 计		1511.1	271	46552

十堰市是一座因车而建、因车而兴的现代化汽车工业城。由于历史原因，先建厂后建市，先生产后生活，先建设后规划，导致城市基础设施先天不足，五河流域治污设施建设滞后。随着城镇化进程的加快，五河流域城镇人口迅速增加，2008—2012年年均增长11.6%。人口的增加带来巨大的城市排污压力，部分临河、临沟而建的建筑，其污水直排河道，五河也成为典型的城市内源纳污河流。加之缺乏有效的监管机制，长年累月污水横流、垃圾成堆、河道污泥淤堵。乱搭乱建现象严重，进一步加剧了五河污染问题，水质终年劣V类。虽然五河入库径流总量仅占丹江口水库入库总径流量的1%左右，但因五河均为直接入库河流，对南水北调中线调水影响极为敏感。为确保五河入库断面水质达标，改善一直以来的"黑、臭"面貌，消除社会各界尤其是中线受水区广大人民群众的担心和顾虑，2012年12月，十堰市全面启动五河治理工作。

改造前的泗河是一条名副其实的"纳污河"

改造前泗河沿岸不见绿色

昔日的泗河了无生机

3.2 主要做法

五河治理按照"综合规划、重点突破、减存控增、标本兼治"的治理思路，以解决制约五河达标的关键问题为核心，以主城区污染治理为重点，创新体制机制，统筹岸上岸下，综合施策。

3.2.1 创新体制机制，促进部门协同

针对九龙治水、条块分割等问题，十堰市积极在治理体制机制创新上下功夫。一是探索率先实行河长制度。自 2012 年开始，五河流域就探索实行"河长负责制"，五位市级领导分别担任五河河长，治理难度最大的神定河河长由市长亲自担任。同步建立了县、乡、村三级河（沟）长体系，明确了建管职责，建立了考核制度。二是各部门勇于担当。十堰市南水北调办公室、发展改革委、住房和城乡建设局、环境保护局、水利局携手形成了"五架马车"，组成五个工作督导专班，合力全程推进治理工作。

3.2.2 坚持政府主导，促进社会协同

十堰市持续争取国家及省市发改、住建、环保（原环保部）等部门相关专项资金，并集中整合专项资金，发挥资金综合效用；利用好省债券资金，争取政府债券 6 亿元。同时，自 2012 年起，市政府积极谋划与北京排水集团、北京碧水源科技股份有限公司、北京东方园林环境股份有限公司等开展战略合作，探索推行 PPP 模式，撬动社会资本参与五河治理；全面推行"公开竞争、托管运营，授权改造、水质达标，全程监管、合理付费"的项目建设运营一体化

托管模式，引进专业环保公司全面托管五河流域污水和垃圾处理项目；推行民间河长制，促进公众参与和社会监督；建立河道保洁责任制，把保洁责任落实到村组户；组建263支"净化环境、保护水质"志愿者队伍，覆盖五河全流域，引导全民共建共治。

3.2.3 推行生态补偿，促进区域协同

十堰市建立市内横向生态补偿机制。实行水质达标保证金制度，10个县（市、区）政府（管委会）每年向市政府缴纳100万元水质保证金，同时市政府每年从环保专项资金中列支用于支持各地地表水环境保护专项资金300万元。政府每年用这1300万元推行生态补偿，按年度考核兑现奖惩。对年度考核优秀的县（市、区）政府（管委会），十堰市政府全额返还其缴纳的保证金，并给予资金奖励；对考核合格的，市政府全额返还其缴纳的保证金；对考核不合格的，没收其缴纳的保证金，统筹用于奖励年度考核达到优秀等次的县（市、区）政府（管委会），并予以通报批评。通过实施生态补偿，奖罚结合，在精神上和物质上促进五河治理跨区域联动。

3.2.4 实施综合治理，统筹岸上岸下

十堰市按照"前端截污治本、中端生态修复、末端治污达标"的总体思路，构建了"截污、清污、减污、控污、治污和管污"综合治理体系。截污即以排污口整治和清污分流管网建设为主要内容，实现污水入网；清污即实施以河道生态修复为主的全流域清污工程；减污即实施以企业清洁生产为主的全流域减污工程，实现流域企业"零排放"；控污即实施以农村环境整治为主的流域控污工程；治污

即实施以污水处理厂提标改造和尾水深度处理为主的全流域治污工程；管污即加强日常管理，维护治污成效和提升管护能力。

3.2.5　强化监督管理，倒逼责任落实

严格落实主体责任，以辖区断面水质考核为导向突出强化区域污染治理的主体责任；将五河流域监测断面按辖区和入河口细分并由 5 个增加到 27 个，按月监测水质，落实各断面属地责任；以履职履责考核为导向强化各职能部门的直接责任；以综合执法考核为导向强化执法部门的监督责任。加强执法监管，将全流域 7 家污水厂和 123 家重点企业全部纳入在线监测体系，建立投诉举报奖励制度，按照"全覆盖、零容忍、严执法、重实效"原则重惩不达标企业。

在治理中，十堰市突出落实水污染防治责任，累计投入 30 多亿元进行污染治理，彻底根治了一批污染源；督促企业开展清洁生产，发展循环经济，关闭以元康药业、十宝公司皮革生产线为代表的 24 家不达标企业。全面整治五河排污口达 590 个，累计建成清污分流管网 1258 千米，污水收集率由 50% 提高到 95%，处理率由 42% 提高至 89.2%。累计完成河道清淤 138 千米，清理污泥和垃圾 561 万吨，建成生态跌水坝 16 座，建设生态河道 130 千米，拆除违章建筑 128 处。累计完成村庄环境整治 140 个（全部完成流域村庄综合治理），督促 116 家农家乐安装污水净化设施或建设人工湿地实现达标排放。累计清除生猪养殖 286 家、2.6 万头，禁养区占总面积的 70%，其余全部为限养区。

经过艰苦不懈的努力，2014 年 4 月，官山河水质稳定达到Ⅲ类；2016 年 2 月，犟河水质稳定达到Ⅲ类；2017 年 10 月，剑河水质稳

定达到Ⅲ类；2019 年 5 月 18 日和 2019 年 9 月 6 日，泗河、神定河先后消除劣Ⅴ类水，实现历史性突破，为后续治理工作打下了坚实的基础。随着五河的达标排放，十堰境内的 12 条直接入库河流全部实现达标入库，保证了清水入库、清水北送。值得说明的是，虽然在五河治理初期，受企业关闭等影响，十堰的经济发展受到了一定影响。但是，五河治理后的十堰更具活力和发展潜力，不仅河流水质变清了、生态环境变好了，而且市民的满意度也在提升。2018 年 5 月，生态环境部、住建部联合对十堰市黑臭水体整治工作开展专项督查，统计显示，黑臭水体点位周边群众满意度均在 90% 以上。五河治理经验还被列入全国"砥砺奋进的五年"大型成就展，成为全国黑臭河流治理样板和典范。更重要的是，通过五河治理，十堰市走上了高质量发展之路，2019 年实现地区生产总值 2012.7 亿元，是 2012 年的 2 倍有余。

治理后的泗河马家河河段河水清澈见底

改造后的泗河河道宽阔

如今的泗河马家河河段沿岸景色怡人

3.3　启示与思考

　　为破解五河治理难题，保护好南水北调中线水源地安全，十堰市地方人民政府及有关各方齐抓共管，牢牢把握五河"问题在水里、根子在岸上"这条主线，坚持多方参与、共同治理，统筹岸上岸下，在水污染治理方面取得了显著成效，值得借鉴。归纳起来，要在以下几个方面做好谋划。

3.3.1 要坚持人水和谐，调整人的行为和纠正人的错误行为

十堰市坚持岸上与岸下统筹治理，不仅关闭不达标排污企业，而且实施农村环境综合整治，全面排查并彻底清除五河流域畜禽养殖，根治岸上长期存在的违法违规排污行为，从根上杜绝污染源。可以说，在有"人"的因素影响下，各流域逐渐形成了一个自然-经济-社会复合生态系统。因此，解决五河等流域长期存在的水污染问题，就要从水问题背后的深层次原因着手，坚持"问题在水里，根子在岸上"的基本思路，统筹把握水污染问题和人的关系，加快从改变自然、征服自然转向调整人的行为、纠正人的错误行为。

3.3.2 要坚持自上而下，依托重大战略强化政策协同

南水北调工程作为我国一项重大战略基础设施，事关中华民族长远发展。为保障工程水源地安全，从中央到地方，从流域到区域，坚持一盘棋思想，彻底打赢五河污染治理歼灭战。可以说，在南水北调这项重大基础设施的调动下，比较好地凝聚了十堰市等有关各方力量参与五河治理。因此，在水治理过程中，水利部门应充分依托长江经济带、黄河流域生态保护和高质量发展、国家适应气候变化战略、国土绿化、荒漠化防治、全国重要生态系统保护和修复重大工程等国家重大战略、政策和行动，强化政策协同配合，促进制度有效转化为机制，推动在治山治林治田治草过程中落实治水要求。

3.3.3 要坚持协同发力，凝聚各方力量推进河湖治理

水资源的流域特性，要求以流域为单元统筹岸上岸下，不能头痛医头、脚痛医脚，各管一摊、不及其余。如果只是"就水论水"或者"部门分割"治理，就容易出现"只见树木、不见森林"的错误。为破解分散治理、多头管理以及治标不治本等问题，五河流域各级政府统一思想，创新体制机制，以河长制为平台，充分发挥各级党政主要负责人的"权威"作用，促进部门协同；在坚持政府主导的同时，多措并举促进社会协同；通过实施横向生态补偿推动区域协同。因此，在水治理过程中，如何按照政策协同要求建立协商协调机制，充分调动各部门力量并实现 1+1 ＞ 2，既是坚持系统治理的内在要求，也是其价值追求之所在。

3.3.4 要坚持两手发力，充分发挥市场调节作用

政府和市场在现代市场经济体系中相互关联、相辅相成。在更好地发挥政府作用的同时，发挥市场在水利投融资、公共服务等方面的作用，是贯彻新时代治水思路的内在要求。十堰市为解决资金短缺及后期管护等问题，积极创新融资模式，引进社会资本参与五河治理，不仅有利于加快推进前期治污工作，也为后期工程管护奠定了良好基础。同时，邀请国内大型环保集团参加，以竞争性谈判等方式比选确定治水工艺，并采取先建设后付费的方式。好的技术全面推广，不能达标者退出市场，使得十堰市汇聚了各路治污精英，持续提升了十堰市的治污管污能力。显然，政府和市场作用有一定的"无形边界"，市场的灵活调节和竞争机制是政府作用所不可替代的。因此，借鉴十堰市五河治理的好做法，从项目设计、财税支持

等政策层面更好地引导市场参与水治理，是各级政府及有关部门肩负的一项重要任务。

3.3.5　要坚持公众参与，加快实现全民共建共治共享

现代水治理既是政府向社会提供公共服务并依法对有关涉水事务进行规范和调节的过程，也是社会和公众自我服务并依法依规进行自我规范和调节的过程。在五河治理过程中，从五河流域沿岸工业企业升级改造排污设施、农家乐安装生活污水排放设施，到"民间河长"主动参与巡河护河，是社会和公众积极参与五河治理的典型例证，实现了"要我治污"到"我要治污"的转变，不仅有利于增强社会自我治理能力，而且有利于减轻政府负担。因此，政府在推动水治理、解决水问题过程中要发挥主导作用，在法律法规上建制度、在政策上想办法，但不能大包大揽，应为社会协同和公众参与建机制建平台，加快形成共建共治共享的格局。十堰市牺牲自己的利益，刮骨疗毒确保"一库清水北送"。"吃水不忘挖井人"，社会各界特别是受水区广大人民群众应该感谢、感恩。后续十堰市应以各种形式加大宣传教育，将教育的课堂搬到水源地，让更多的人能够更加全面地了解南水北调工程，了解水源地人们的付出，从而提升公民水素养，让知水爱水节水护水成为社会各界的行动自觉。

（致谢：在案例调查总结过程中，十堰市南水北调水源区保护中心主任王太宁、副主任黄永刚给予了大力支持，提供了大量素材，在此表示衷心感谢。）

4

长沙县系统治水促发展、兴水惠民利民生

【编者导读】

长沙县位于湖南省东部偏北，湘江下游东岸，境内水系发达，湘江一级支流捞刀河、浏阳河横贯东西，白沙河、金井河纵横南北。发达的河湖水系承担着行洪排涝、农业灌溉、饮用水源、生态涵养等多种功能，为推动长沙县经济社会发展做出了突出贡献，但在发展的同时也面临不少问题，特别是季节性缺水、工程性缺水问题突出，水污染历史欠账较多。为此，长沙县以水系为纽带，把浏阳河、捞刀河"两河流域"治理在广度、深度上进一步延伸、拓展，坚持问题导向、统筹岸上岸下，全域覆盖推进水治理，以系统治水推动形成绿色发展方式和生活方式，为经济高质量发展提供了有力支撑。

长沙县地处我国中部地区，全县人口众多，产业门类齐全，工农业基础较好，具有加快经济社会发展的良好条件。2007 年 12 月，长株潭城市群被国务院批准为"全国资源节约型和环境友好型综合配套改革实验区"，长沙县作为长株潭城市群的重要组成迎来新的发展契机。但是，随着城市化进程的加快和经济社会的快速发展，过去相对粗放的经济社会发展方式导致可用水资源短缺、水环境污染等问题逐渐显现，深刻影响"两型社会"的推进，不利于区域经济的可持续发展。长沙县水利等有关单位紧紧抓住"两型社会"建设等机遇，特别是党的十八大以来围绕生态文明建设，以系统治水推动形成绿色发展方式和生活方式，为经济高质量发展提供了有力支撑。

4.1 长沙县水系及水问题概况

长沙县位于湖南省东部偏北，湘江下游东岸，省会长沙市近郊，是全国 18 个改革开放典型地区之一。全县总面积 1756 平方千米，总人口 110.9 万人，下辖 13 个镇、5 个街道，区域内长沙经开区园区共有规模以上工业企业 237 家，世界 500 强投资企业 34 家。长沙县水资源较为丰沛，多年平均降水量 1460 毫米，多年平均水资源总量 14.03 亿立方米。境内水系发达，湘江一级支流捞刀河、浏阳河横贯东西，白沙河、金井河纵横南北，流域面积 10 平方千米以上河流 51 条，总长度 609 千米。县域内湖库 145 座，其中人工湖（松雅湖）1 座，中型水库 5 座（含新建白石洞水库），库容 5 万立方米以上的骨干山塘 270 口，其他山（平）塘约 5.1 万口。

发达的河湖水系承担着行洪排涝、农业灌溉、饮用水源、生态涵养等多种功能，为推动长沙县经济社会发展做出了突出贡献，但在发展的同时也面临不少问题。一是季节性缺水问题明显。长沙县水资源较为丰沛，但由于降雨时空分布不均，河川径流量的 60%～80% 集中在汛期，特别是北部地区水资源全部依赖本地降雨。由于天然来水过程与社会需水要求不一致，以致丰水季节洪水为患，枯水季节缺水明显。二是工程性缺水问题突出。长沙县地处低山丘陵区，受地形限制，建设大中型水库等调蓄工程条件有限，已建水库的调蓄能力不能满足经济社会发展用水需求，特别是遇枯水年份或连续干旱年份，由于缺乏调蓄工程，供用水矛盾更加突出。三是水污染历史欠账较多。经济发展初期工农业粗放经营，导致水污染问题严重，水生态环境失衡。四是防洪保安依然存在隐患。城乡堤防达标建设仍有差距，部分已建堤防基础较差、堤身单薄，遇较大洪水，地处低洼地区的集镇屡遭水淹，严重威胁城乡居民的生命财产安全。

从近年经济发展看，长沙县在国家级经济开发区、长沙黄花国际机场、临空经济示范区核心区、长沙高铁新城、国际会展中心片区等区划基础上，进一步承接了一大批国家、省、市重点区划及项目落地，包括上海大众及其配套产业集群、正在实施的黄花机场扩建项目、黄花综合保税区和长沙空港城。2020年9月，国家批复设立了湖南自贸区，其中长沙片区大部分在长沙县境内，全县经济社会发展对水资源需求更加迫切。从用水空间看，根据2014年长沙市政府划定的全市各区县用水总量控制指标中，长沙县2030年指标值为5.93亿立方米，而2018年长沙县用水总量已达5.4亿立方米，距红线指标仅差0.53亿立方米。显然，水资源对长沙县未来经济社会发展的制约作用将日益凸显。为此，亟需县水利等有关方立足全局，系统把握新老水问题，做好"水"文章，为经济高质量发展提供坚实的水安全保障。

4.2 主要做法

长沙县以水系为纽带，把浏阳河、捞刀河"两河流域"治理在广度、深度上进一步延伸、拓展，坚持问题导向、统筹岸上岸下，全域覆盖推进水治理，努力朝着防洪保安全、优质水资源、健康水生态、宜居水环境的目标前进。

4.2.1 以水定需，优化布局、科学配水

坚持以水定城、定产、定地、定人，按照用水总量控制红线等有关要求，2018年制订实施《长沙县水资源综合规划》，明确未来水资源开发利用上限控制目标以及可持续用水模式，打破原有"南工北农"的发展格局，根据水资源禀赋条件和配置能力，划分城区片、北部联合片、江背片三个水资源分区，结合水资源供求关系调

整区域水资源配置总体格局 ①。制订《长沙县增水工程规划》，规划新建一批水源工程和调引水工程，缓解水资源时空分布不均的矛盾；同时对原有水源工程进行挖潜，通过塘坝扩容、闸坝增蓄、利用雨洪资源等措施，尽力保障用水需求。在市级层面联合浏阳河、捞刀河上下游区县进行协调调度，结合湖南自贸区等区划定位对长沙县用水总量指标予以修订，提高长沙县在捞刀河、浏阳河以及跨区域调水工程的水量分配比例，确保未来经济社会发展用水控制在红线范围之内。

4.2.2　水陆统筹，从根上整治污染源

长沙县整合生态环境、住建、自然资源、农业农村、水利等部门资源，突出治污截污控污。一是全面整治农业面源污染。通过划定禁养区、实施生态补偿等控制生猪养殖规模；按"栏舍雨污分流改造＋干湿分离＋沼气池＋净化池＋生态湿地"的模式，对全县12个镇80多个村（社区）近2000户养殖户猪栏开展治理；对农业面源污染实施减量治理，推广测土配方施肥和统防统治。二是加大工业减排力度。对不符合生态环保要求的企业一律不得引进，近年关闭和搬迁60多家高污染、高耗能企业，对近100家新引进项目实施环保"一票否决"。三是开展河湖长制专项执法行动，深入推进河湖"清四乱"常态化、规范化，持续改善河湖面貌。四是坚持节水即治污。依托全国第三批小型农田水利重点县（高效节水灌溉试点县）、旱作节水农业技术示范推广县建设，积极推广节水灌溉新技术；支

---

①　以长沙县北部联合片区为例，针对北部地区河流集雨面积较小、缺乏大型骨干水资源调蓄工程、供水保障能力弱等特点，长沙县将以水资源的安全供给和维系生态平衡为基本前提，将新、改、扩建蓄水、供水工程作为在北部联合片区水资源配置的工作重点。

持企业循环用水、一水多用、中水回用等节水技术升级改造，培育了蓝思科技、上海大众等优秀节水企业，并成功将国家级长沙经济技术开发区打造成为湖南省第一个国家生态工业示范园区。五是提升污水处理能力，推进城区污水处理厂和乡镇污水处理厂建设。

4.2.3 补齐短板，提升防洪保安能力

根据长沙县防洪现状，结合县域经济发展，顺应当代水利建设要求，从"被动防御"到"主动控制"，从工程建设和工程管理两方面强化洪水管理，按照"防排结合、蓄泄兼筹、疏引并用、综合治理"的原则建立积极型的控制防护工程体系。重点通过对水库、堤防、泵站、撇洪渠除险加固、提质改造、扩容增蓄以及片区水系连通、强化调度能力等，补齐防洪保安短板。明确主要水系浏阳河、捞刀河规划目标，加快形成上游蓄滞为主、中游防滞结合、下游泄疏兼顾的防洪体系，实现"外挡内蓄中排"。外"挡"洪水，即完成城区防洪圈堤防未达标段治理以及险工险段修复；内"蓄"涝水，即推进新城区海绵城市建设、老城区雨污分流改造、病险水库除险加固等，充分保留现有水系，提升城市"蓄""滞"能力；中"排"涝水，即疏浚排水沟渠，改造老旧排水泵站。

4.2.4 强化监管，规范涉水社会行为

（1）落实监管责任。压实各级河长和职能部门责任，明确由县住建局、水利局、生态环境分局、行政执法局和其他相关部门担负行业监管责任，各镇街履行属地责任。

（2）创新监管方式。实行"地上巡查网格化、天上巡查网络

化、河面巡查灵活化",定期由无人机对县域内河湖开展全面巡查,并将县域范围内 184 个水务视频接入行政执法综合管理服务平台,实现重点区域、路域、领域 24 小时在线监管。

(3)加大监管力度。定期开展联合执法、专项执法,河湖长制实施以来至 2020 年 9 月,共立案查处涉河涉水违法案件 729 起,处罚金额 828.039 万元,其中移送公安 29 起,刑事拘留 30 余人,取缔"三无"船舶 167 艘,整治散、乱、污企业 214 家。

(4)严肃执纪问责。截至 2020 年 9 月,长沙县对河湖长制工作不作为、慢作为或对重大问题整改不到位的单位或个人开展问责,累计问责 11 人。

(5)强化社会监管。聘请 40 余名县级"民间河长""社会监督员",设立 24 小时投诉举报热线,全天候受理,落实"有奖举报"①河湖长制监督机制。

4.2.5 以水为脉,串联水生态与民生

把推进捞刀河、浏阳河主要干支流生态治理作为支撑长沙县经济腾飞的"主动脉"。通过修复并延展水岸特色景观植被,提取当地自然素材,配合多级生态梯台、地形缓冲带、河滩湿地等措施,自

---

① 长沙县制定了《长沙县河长制举报奖励实施办法》,将河长制举报奖励经费分为日常事项举报奖励和行政执法举报奖励。日常事项举报奖励纳入河长制工作经费,由县河长制工作委员会办公室统一进行财务管理,凡举报河湖"四乱"、河湖保洁等问题,经查证属实的首报电话号码,给予充值 50 元话费奖励,截至 2020 年 9 月,已对 69 名有效举报人进行奖励。行政执法举报奖励纳入县行政执法局举报奖励专项,由县行政执法局统一进行财务管理。举报涉水违法行为,经调查情况属实,由长沙县行政执法局按照《长沙县行政执法举报奖励实施办法(试行)》相关标准及程序给予奖励。对重大违章事件的举报及提供现场证据的将予以重奖。自行政执法举报奖励办法实施以来,共实行奖励举报 28 起,金额共计 11.8 万元。

然渗净构建片区生态网络系统，打造具有长沙县城市特色的滨水旅游休闲带和城市生态观光廊道。把强化小微水体整治、管护作为推进水生态建设的重要抓手。依托农业综合开发、国土整理等项目，对农村河道、沟渠、山塘等小微水体进行疏浚整治，在最大限度减少对自然环境破坏的基础上，结合防洪、供水、生态等需要，综合应用控源截污、内源治理、生态修复等措施，因地制宜扩大水体面积、增加水量，达到水体"扩面、提质、增效"的目标。开展小微水体管护示范片区创建，通过以点带面，真正让水留下来、流起来、净起来、美起来，将小微水体变成小微景观，改善人居环境。做好山水结合的文章，在条件成熟、环境优美的水体旁发展特色种养，打造精品民宿，推进生态旅游，最终全面提升人民群众的获得感、幸福感。

4.2.6 宣传引导，营造良好社会氛围

充分利用世界水日、中国水周、环境保护日等宣传契机，组织开展宣传活动；通过工作简报、报纸电视、新媒体等大力宣传河湖长制；开展河湖长制进校园活动。将保护河湖和生态环境纳入村规民约，号召村民从我做起、从小事做起；不少企业家自发带领员工，从污染"制造者"向环境"守护者"转变；积极倡导成立民间河长护河队伍，发挥民间河长、记者河长、"河小青"等各类志愿者的监督作用，走村串户开展河湖长制宣传，带领村民义务清理垃圾，让清洁环境、讲求环保成为一种时尚，形成全民治水的强大合力，使保护水环境成为全民自觉行动。

党的十八大以来，长沙县在坚持推进"两型社会"建设的基础上，进一步贯彻新发展理念，大力做好"水文章"，突出保护水资

源、防治水污染、治理水环境、修复水生态，并以此作为转变经济发展方式、推进生态文明建设和绿色发展的着力点，实现经济社会发展和生态环境保护"双赢"。2019 年，长沙县跻身全国县域经济与县域综合发展百强第 4 位，成功创建湖南省首个国家级生态县，并获得了国家卫生县城、国家园林县城、"中国人居环境范例奖"等系列荣誉，蝉联中国十佳"两型"中小城市榜首，并连续 13 年蝉联中国最具幸福感城市（县级）。

长沙县捞刀河水渡河闸坝

长沙县城区内湖——松雅湖

4.3 启示与思考

长沙县水利部门为推动"两型社会"建设，促进经济高质量发展，抢抓政策机遇，统筹推进区域水资源水生态水环境保护和经济社会发展，积累了许多宝贵经验，主要有以下几方面。

4.3.1 经济高质量发展为系统治水提供了战略契机

我国经济由高速增长阶段转向高质量发展阶段，是党的十九大对我国经济形势和发展做出的科学判断。这不仅是水利部门肩负的重要任务，也是有关方的责任和担当。因此，系统治水要贯彻党的十九大精神，围绕经济高质量发展做好"水文章"，以用水方式转变促进经济发展方式转变，推动经济结构转型升级。长沙县按照生态文明建设和系统治水要求，发挥水资源的刚性约束作用，优化调整产业布局和结构，重点发展低投入、低消耗、低排放、高产出的"两型"产业。高质量发展既是对"两型社会"的丰富和发展，也是对"两型社会"的升级与优化。从国家到流域到区域都要主动求变，以"高质量发展"为导向谋篇布局，强化用水总量控制和过程管控，用好"考核"和"监管"两个手段，敢于作为，真正把水资源作为经济布局、产业发展、结构调整的约束性、控制性和先导性指标，以水资源的可持续利用支撑经济社会的高质量发展。

4.3.2 科学的顶层设计为系统治水提供了制度依据

十八大以来，基于"两型社会"和生态文明建设等的高标准高要求，长沙县有效整合各行业、各领域资源，统筹推进区域经济社会发展和生态环境保护。水治理是区域系统治理的有机构成，长沙县水利部门比较好地抓住了政策机遇，全域推动水系治理，成效显著。从国家水治理来说，水利部门在"用足用实用好"河湖长制和最严格水资源管理这个平台和抓手的基础上，要深入贯彻落实习近平总书记关于治水的重要论述，在长江、黄河、汾河、淮河、巢湖考察期间的讲话精神以及国务院有关治水的政策要求，科学谋划并推动出台能统筹山水林田湖草沙的治水方案或行动计划，充分发挥国家战略、政策的凝心聚力作用，为系统治理推进提供依据。

4.3.3　有力的协调机构为系统治水提供了机制保障

长沙县坚持以河湖长制工作为抓手，以县域内各流域治理为单元，通过规划引领抓统筹、高位协调抓建设、多管齐下抓监管、宣传引导抓共治，构建了"制度长效、责任下压、党群共治"的治理体系和工作机制，有效推动了全域水治理。可以说，长沙县区域水治理的顺利推进，既得益于国家政策的战略要求，也得益于区域内利益目标相对一致的比较优势，更得益于地方政府这个中枢的统一协调作用。对水治理来说，要紧紧把握区域发展与流域治理间的冲突与协调这个关键点，通过完善流域立法、建立联席会议制度或协调小组、建设流域生态补偿机制等，强化流域统筹协调职能和水利行业管理职能。

4.3.4　加强和创新社会治理为系统治水提出了新要求

党的十九届四中全会强调，必须加强和创新社会治理，建设人人有责、人人尽责、人人享有的社会治理共同体。社会公众既是治水成效的获得者，更是治水实践的参与者。长沙县不仅通过宣传引导，全面营造"人人皆河长、共护家乡河"的浓厚氛围，也通过建立健全河湖长体制平台促进公众参与，更通过有奖举报制度促进社会监管，在加强和创新社会治理方面取得显著成效。在国家加强和创新社会治理的大背景下，水利部门应在调动社会力量参与治水上下功夫、出政策，特别要在农村饮水安全工程管护或者水利工程"最后一公里"管护缺位等方面，通过产权确权登记、购买公共服务等，落实责任主体和监管主体，加快形成政府主导、社会协同的工作格局；要复制推广长沙县"有奖举报"等制度，强化社会监管，加快形成共建共治共享的新格局。

（致谢：在案例调查总结过程中，湖南省长沙县水利局原局长高新良、工程师廖国君等领导和专家给予了大力支持，提供了大量素材，在此表示衷心感谢。）

5

赣南老区治山保水还绿洲、产业护水谋出路

【编者导读】

赣州市是江西省面积最大、人口最多的设区市，下辖18个县（市、区），是原中央苏区所在地、万里长征的起点城市，有着千里赣江第一城、红色故都、江南宋城、客家摇篮等美誉。但是，由于特殊的地质条件以及受近代战争、人为破坏等影响，赣州市曾出现了严重的水土流失，曾被国内外专家称为"红色沙漠"。多年来，赣州市干部群众团结一心，深入践行"绿水青山就是金山银山"理念，坚持治山保水、产业护水、生态净水、监管护水、宣传爱水，探索出了一条具有赣南特色的水土流失综合治理新路子，昔日"红色沙漠"变今朝"江南绿洲"。

赣州市位于江西省南部，也称赣南，是全国著名的革命老区。由于特殊的地质条件以及战争创伤和支援国家建设等原因，赣州市曾出现了严重的水土流失问题，被国内外专家称为"红色沙漠"。在党中央、国务院的高度重视下，在赣州市水利水保等有关各方的共同努力下，经过近 40 年的系统治理，赣州市水土流失治理成效明显。特别是党的十八大以来，老区人民坚持山水林田湖草沙是一个生命共同体的理念，系统推进水土保持工作，探索出了一条具有赣南特色的水土流失治理新路子，创造了水土流失系统治理"赣南模式"。

5.1　赣州市水土流失概况

赣州市是江西省面积最大、人口最多的设区市，下辖 18 个县（市、区），是原中央苏区所在地、万里长征的起点城市，有着千里赣江第一城、红色故都、江南宋城、客家摇篮等美誉。但是，由于特殊的地质条件以及受近代战争、人为破坏等影响，赣州市曾出现了严重的水土流失。据统计，20 世纪七八十年代，全市水土流失面积高达 1.118 万平方千米，占全市山地面积的 37%，森林覆盖率仅40%。其中，兴国县水土流失面积 1899 平方千米，占县域面积的

59%，占山地面积的 84%，山地植被覆盖度只有 28.8%；赣县有着江西省密度最大、数量最多、类型最全、流失最严重的集中连片崩岗区。可以说，20 世纪七八十年代的赣南大地到处红土裸露、沟壑纵横，赣州市也因此被中外专家称为江南"红色沙漠"。

长期严重的水土流失给赣南老区人民的生产、生活及经济发展造成了极大的灾难。早在 1931 年 1 月，毛泽东同志就在《兴国调查》中指出水土流失（注"走沙山"）对农业生产的危害："那一带的山都是走沙山，没有树木，山中沙子被水冲入河中，河高于田，一年高过一年，河堤一决便成水患，久不下雨又成旱灾"。20 世纪八十年代兴国县人均收入仅 121.1 元，贫困人口 27.3 万人，占总人数的 52%。宁都县因水土流失严重，导致"十年九灾"，1984 年的特大洪灾造成直接经济损失 8762 万元，无数群众流离失所、颗粒无收，当时曾流行一首打油诗："天空无鸟、山上无树、地面无皮、河里无水、田中无肥、灶前无柴、缸里无米"，正是当地生活状况的真实写照。

5.2 主要做法

长期以来，在党和国家的坚强领导下，在江西省委省政府以及水利等有关部门的大力支持下，赣州市干部群众团结一心，把水土保持生态建设摆在突出位置，在市、县两级单独设立了水土保持行政主管部门，具体负责全市水土保持工作，针对水土流失问题，围绕小流域治理和崩岗治理等，主动转变治理思路，在水土流失治理方面积累了丰富的经验。

5.2.1 "治山保水"——改善山林生态还青山本色

赣州市坚持"山水林田湖草沙是一个生命共同体"的理念，改变以往"管山不治水、治水不管山、种树不种草"的单一治理模式，坚持"治山保水"，深刻阐释了"水的命脉在山，山的命脉在土，土的命脉在树"的实践内涵。调查发现，赣州市的上犹县园村、竹山等小流域通过水土保持以奖代补等手段，采取营造水土保持林、封禁补植等措施，增强水源涵养能力，有效防止了泥沙下泄；反之，泥土的保持又促进了山的茂盛。现状园村小流域内林草保存面积占宜林宜草面积的93.6%，流域内九曲河水系水质常年达到Ⅱ类以上。同样，赣县、兴国县和宁都县等地也秉持"治山保水"思路，精准把脉水土流失问题根源，持续推进小流域治理和崩岗治理，"红色沙漠"逐渐变成了"绿水青山"。

治理前

治理后

治理前

治理后

金钩形崩岗群治理前后对比

治理前   治理后

金钩形崩岗群治理前后对比（续）

5.2.2 "产业护水"——推动绿水青山转金山银山

坚持生态保护与开发治理兼顾，大力发展生态旅游产业和脐橙、油茶、毛竹、林下经济等生态富民惠民产业，逐渐形成"人养山、山养人""人养水、水养人"，深刻阐释了"绿水青山就是金山银山"的实践内涵。上犹县园村在小流域内的农业产业基地里，科学配置"三沟""两池一塘"等水土保持措施，为园村茶产业等现代农业产业发展夯实基础。赣县坚持因势利导治崩岗，对处于崩塌活动期、地形破碎，且交通便利、靠近村庄的崩岗群，结合区域实际，以整理梯地种植经果林为主，恢复土地资源的有效利用。兴国县按照山顶戴帽、山腰种果、山下养猪建池的布局进行开发利用和治理，形成了"猪—沼—果"生态综合型水土流失治理模式。

以小流域为单元的综合治理（2005年高兴蒙山小流域）

治理后的山头生机盎然（2008 年方太小流域）

5.2.3 "生态净水"——保护放心水源提升群众福祉

以"生态净水"为途径，采取河道治理与水污染源头防控有机结合，坚持工程措施与生态措施并举，保护水源地安全。上犹县陡水镇茶坑村高标准建设生物化处理系统，通过生态清洁小流域建设，使区域内的农村污水处理率达到 90% 以上，保障陡水镇辖区内陡水湖这个赣州最大水源地的水质安全。上犹县园村积极配合有关部门开展"三清洁四整治"（清洁家园、清洁田园、清洁水源，整治建房秩序、渔业秩序、林业秩序、河道秩序）活动，全面整治农村人居环境。探索建设农村生活污水生物化处理系统，经生物净化处理后的农村生活污水再流入河道，较好地保护了水源，为改善农村宜居环境、提升群众福祉做出了水保应有的贡献。

5.2.4 "监管护水"——筑牢监管防线建长效机制

赣州市按照实现"水土流失防治体系和防治能力现代化"的总体要求，坚持预防优先、治理前移，建立市、县、乡、村四级网络化监督管理体系，做到横向到边、纵向到底，实现水土保持监管工作全面覆盖、责任到人。率先推行山地林果开发业主承诺制及部门联合审核验收的监管方式，破解山地林果开发监管难题；通过政府购买服务在重点区域实行"天地一体化"监管，将无人机遥感技术运用到日常水土保持监督检查和监测工作中；通过明察暗访，查处违法案件，有效遏制人为水土流失发生；通过实施水土保持社会监督奖励办法，发动群众力量进行监督，促进社会协同，等等。

5.2.5 "宣传爱水"——营造良好氛围促群众参与

赣州市全方位、立体式面向社会宣传水土保持的重要性、紧迫性。全市启动水土保持宣传教育进农村、进机关、进党校、进学校、进企业、进社区活动，将水土保持知识纳入市、县委党校主体班次的教学课程，建立党校学员水土保持培训体验基地。各县（市、区）编写中小学生科普教材，建立中小学水土保持教育实践基地。统计显示，2015 年以来，全市累计有县处级以上领导干部 600 多人次、科级干部 3000 多人次参加水保讲座，有近 10 万名中小学生参加水土保持教育户外实践活动，2200 余名农业开发业主接受水土保持培训，全社会水土保持意识显著增强，公众参与水土保治理的积极性明显提升。

近 40 年来，赣州市坚持以小流域为单元进行系统治理、综合治理、源头治理，实现了从"红色沙漠"到"江南绿洲"的华丽转身，生态文明硕果累累。全市累计治理小流域 760 条，治理区内林草覆盖率均在 85% 以上，水土流失面积已由 1980 年的 1.12 万平方千米下降到目前的 7142 平方千米，净减少水土流失面积 4000 多平方千米，土壤侵蚀程度由强度向中轻度转变，全市江河的河床逐年下降，水库、山塘蓄水量增加 2.8 亿立方米。一条条昔日"山上无鸟叫，河里无鱼虾"的河流，如今变成了山清水秀、林茂粮丰、和谐发展的"生态之源""致富之源"。调查显示，在水土流失治理过程中，赣州全市累计兴建以发展脐橙、油茶为主的种植基地 2240 个，种植经果林 5.533 万公顷，在治理的小流域内新建各种以种植为主的产业基地 655 个，年产值达 10 亿元以上，约 6.5 万农民、困难职工通过创办种植基地，解决了劳动就业，不仅摆脱了贫困，而且加快了实现小康的步伐。

5.3　启示与思考

赣州市水土流失系统治理实践，再次印证了系统治理是解决我国复杂水问题的根本出路，是新时代治水工作必须始终坚持的思想方法，要以水为核心和纽带，统筹各方力量协同推进水治理，促进经济社会可持续发展。

5.3.1　牢牢把握水的核心地位是推进系统治理的前提

赣州市水保工作紧紧围绕保水、理水、蓄水，通过在山上营造水土保持林、坡面水系改造等生态修复措施，大大增强山林水源涵养能力；通过在山下清淤疏浚河道，布设塘坝、蓄水池、排水沟等工程设施，提高河道调蓄能力，实现了水不乱流，泥不下山，排水有沟，集雨有池；有了水，秃山、荒田纷纷披上了绿衣，毫无生机的山场田野变得色彩斑斓。所以，治水要统筹治山治林治田治草，这是保持生态系统完整性的内在要求。水利部门在经济社会发展规划和主体功能区划制订、生态系统治理方案制订与实施、生态环境违法案件查处等行动中，要敢于发声、勇于亮剑，这既是推动其他部门落实治水要求的重要前提，也是实现绿水青山和金山银山双重目标的客观需要。

5.3.2 党委政府高度重视是系统推动治水工作的关键

从党中央、国务院到江西省委省政府都高度重视赣州市水土流失治理工作。赣州市几十年来水土流失治理"一张蓝图绘到底"，各级党委、政府"一任接着一任干"。特别是党的十八大以来，赣州市委、市政府把水土流失综合防治工作纳入高质量发展考核指标范围，水土保持工作年年有计划、有部署、有考核、有奖惩，并将这种制度常态化，为水土保持的可持续发展提供了坚强的组织保障。这深刻阐释了水土保持工作在一方经济社会中的重要地位，也更加说明了治水不仅仅是水利部门一家之事，而是事关经济社会发展全局的重要任务，水利部门需要通过流域立法、系统治理协商协调小组建设等手段在体制机制方面做好谋划。

5.3.3 稳定机构队伍是治水工作有序推进的坚实基础

赣州市和下辖的各县（市、区）在 20 世纪 80 年代就成立了水土保持机构，在 1996 年、2002 年和 2009 年这三次精简机构改革中，市、县、乡水土保持机构和队伍不但没有削弱，还得到了充实加强。目前，全市 18 个县（市、区）都设有水土保持局，形成了较为完整的水土保持管理体系。实践表明，水土保持机构队伍的稳定和加强，对促进赣州市水土保持生态事业的发展具有至关重要的意义，这也深刻阐释了"有为才有位"的硬道理。对水利部门来说，治水即治国也是历朝历代治水实践证明了的客观事实。因此，各级水利部门在积极做好"有为"的同时，也要全面阐释治水对流域区域经济社会发展全局的重要性，积极宣传自身治水成就，争取党委、政府的支持。只有壮大自身队伍，才能有更大的力量投身治水工作，才能为"治国"做出更大的贡献。

5.3.4 坚持共建共治共享是推进系统治理的重要途径

赣州市水土流失治理取得的丰硕成果，很大程度上源自其善于调动群众、激励引导群众主动参与治理，特别是结合区域实际，采取以奖代补、先建后补、村民自建等形式，制定"谁开发、谁受益，经营权允许继承和有偿转让""山地入股或租赁他人开发"等优惠政策，大力鼓励社会各界力量、民间资本投入到水土流失综合治理，形成了"政府主导、部门搭台、群众唱戏"的社会办水保的局面，不仅全面拓宽了水土流失治理投资渠道，而且由于群众自主参与工程建设管理，有效解决了后期工程管护难题。因此，在国家财政趋紧、水利建设仍存在较大资金需求的大背景下，水利建设在坚持公共投入为主的同时，要在政策引导、项目设计与优化等方面总结经验，积极引导社会资本投入水利建设与管理。

5.3.5 改革创新是推动系统治理行稳致远的源泉动力

赣州市的水土流失防治工作取得的巨大成效正是源于其几十年来在实践中不断探索创新，创造了以生态清洁型、生态产业型、生态观光型等"生态+"治理模式，水土保持重点工程建设以奖代补、生态示范园建设"统一规划、分头建设、委托管理"的建管机制为主要内容的水土保持生态治理"赣南模式",为全国水土保持工作积累了经验、提供了示范。在治水主要矛盾发生转变的背景下,水利部门不仅要加快思路转变,还要总结地方实践经验,推动治水方式方法的改革创新,在"十四五"时期谋划一批能够适应新形势的系统治理重点品牌项目,如"水美乡村""水美城市""示范河湖""清洁小流域"等水生态示范工程项目,通过项目带动和形成品牌效应,推动系统治理加快落实。

(致谢:在案例调查总结过程中,赣州市水利局局长宋怡萍、赣州市水保中心监督支队队长钟文锋、赣州市水保中心工程师卢慧君等领导和专家给予了大力支持,提供了大量素材,在此表示衷心感谢。)

6

赣州市以奖代补创机制、水土保持焕新颜

【编者导读】

　　系统治理在治理主体上要求统筹发挥各方合力，坚持政府主导、社会协同和公众参与。开展水土保持工程建设以奖代补试点，旨在鼓励和引导社会力量和水土流失区广大群众积极参与水土保持工程建设，创新水土保持工程建设管理和投入机制，充分发挥财政资金撬动作用，加快推进水土流失治理。赣州市上犹、宁都、赣县、兴国四个县（区）作为水土保持重点建设工程以奖代补试点县，通过积极探索创新以奖代补项目管理模式及运行机制，逐步将以奖代补机制优势转换为水土流失治理效能，实现水土保持工程建设管理、资金投入、建后管护机制的改革创新。

2016 年底，财政部、水利部印发了《中央财政水利发展资金使用管理办法》，明确水利发展资金鼓励采取先建后补、以奖代补、民办公助等方式，加大对农户、村组集体、农民专业合作组织等新型农业经营主体实施项目的支持力度。为鼓励和引导社会力量和水土流失区广大群众积极参与水土保持工程建设，创新水土保持工程建设管理和投入机制，2018 年 2 月，水利部、财政部出台《关于开展水土保持工程建设以奖代补试点工作的指导意见》（以下简称《指导意见》），从 2018 年起在山西、福建、江西等 9 个省（自治区）开展试点工作。赣州市上犹、宁都、赣县、兴国四个县（区）积极抓住试点机遇，充分利用有关政策，结合地方实际，主动推进，大胆探索以奖代补项目建管机制，取得了较好的效果，为各地利用以奖代补机制推进水治理提供了参考借鉴。

6.1 赣州水土保持以奖代补实施概况

早在 2013 年，针对水土流失存量大、开发治理模式不合理、治理任务艰巨等情况，赣州市便积极响应水利部《鼓励和引导民间资本参与水土保持工程建设实施细则》等有关政策，结合国家水土保持重点工程建设，出台地方奖补政策，大力推进各县（市、区）

探索以奖代补、先建后补施工组织方式，创新社会资本投入治理水土流失新机制。2013—2017 年，赣州市上犹县累计投入 4500 多万元水土保持工程以奖代补资金，撬动社会资本 3.1 亿元，全面激发了社会力量参与水土保持的活力，但由于当时缺乏以奖代补上行文件支撑，以奖代补推行力度总体还较弱。2018 年，财政部、水利部印发了《指导意见》，在全国 9 个省（自治区）18 个县（市）开展水土保持重点建设工程以奖代补试点工作，赣州市上犹、宁都两县和兴国、赣县两县（区）分别被列为全国试点县和全省试点县。

四个试点县（区）按照试点目标要求，抓紧完成 2018—2020 年三年试点期的前期规划工作，并严格按照《指导意见》和《江西省水土保持工程建设以奖代补试点办法》要求有序推进试点工作，取得了积极治理成效，特别是通过实施以奖代补有效吸引大量社会资本积极参与水土流失治理，加快了治理速度、提高了治理标准、巩固了治理成果。调查显示，试点以来上犹、宁都两个国家级试点县，累计兑现以奖代补资金 5218 万元，撬动社会资金投入 6314 万元，综合治理了水土流失面积 129.53 平方千米。

6.2 主要做法

赣州市紧紧抓住政策机遇，科学有序推进水土保持工程建设以奖代补试点，通过积极探索创新以奖代补项目管理模式及运行机制，逐步将以奖代补机制优势转换为水土流失治理效能，实现水土保持工程建设管理、资金投入、建后管护机制的改革创新。

6.2.1 发挥杠杆效用，撬动社会资本投入

针对水土流失治理任务重、国家帮扶资金短缺等问题，上犹县积极行动，通过进村入户宣传、召开群众代表会和乡间夜话等形式，主动对接群众对水土保持工程建设以奖代补项目实施的意见和需求，并积极开展建设主体建立以奖代补项目实施管理专题培训、水土保持工程施工技术和水土流失综合防治知识现场培训，手把手教授水土保持工程施工及以奖代补申请技术要点，全面调动了当地群众及社会各阶层参与项目建设的积极性，有效撬动了大量社会资本投入水保工程建设，拓宽了水土流失治理投资渠道。调查显示，试点实施以来上犹县共引导吸引农业企业、农民专业合作社、村民理事会、专业大户和农户等各类建设主体投入资金 4775 万元，约是政府提供以奖代补项目资金的 1.8 倍，有效发挥了水保财政资金"四两拨千斤"的作用。

6.2.2 简化实施流程，提高资金使用效率

为保证试点工作顺利进行，让有限的财政资金发挥最大效益，赣州市各试点县（区）严格按照发布公告、工程申报、审核公示、签订协议、自主建设、工程验收、奖补兑现等步骤开展水土保持工程建设，省去项目招投标等工程基本建设程序，由各类建设主体自主建设，把项目的选择权、决策权、实施权交给群众，切实简化了工程建设实施流程，加快了项目建设进度与质量，相比于招标工程施工企业占总投资 12% 的招投标资金投入，极大节约了财政资金。调查显示，以往国家水土保持重点建设工程治理所需费用为每平方千米 35 万元，2018 年度宁都县以奖代补项目治理 1 平方千米水土

流失面积实际投入中央资金不到 20 万元，中央资金的使用效率提高了 77.5%；试点前，宁都县年均水土流失治理面积为 33.7 平方千米，2018 年采取以奖代补共完成水土流失治理面积 50.63 平方千米，水土流失治理速率提高了 50.2%，有效加快了削减水土流失存量面积的进度。

6.2.3 规范监管体系，促进项目实施高标准

为确保以奖代补项目实施质量，各试点地区在已有成熟的水土流失治理模式和技术路线基础上，编制了"一书两表三单四图"[①] 和"两承诺三公开"[②] 规范统一的标准项目管理制度体系，全面落实政府和社会监督管理责任，对工程建设实行全过程标准化监督管理，做到奖补项目全程有群众监督、有组织监管、有部门督查，促使工程严格按标准设计、按标准实施、按标准验收。在强化工程实施和质量安全监督管理的同时，试点地区还积极组织施工人员技术培训，加强对各项目实施的技术指导，有力确保了项目实施的高质量。调查显示，试点第一年宁都县便先后举办了 3 期理论业务培训和 30 余次现场示范教学培训活动，向施工人员集中传授施工技术要点，共培训了 2000 多人次，有效提高了施工人员的技术水平和施工队伍的施工水平。另外，在治山保水实践中，水利部门依托自身技术优势，

---

① "一书"指奖补工程实施协议书（明确工程任务清单和负面责任清单）；"两表"指奖补项目申报表和奖补资金申报审批表；"三单"指第三方编制的工程预算结算单、县级工程竣工验收单和第三方中介机构出具的工程结算审核单（书）；"四图"指项目公示图片、施工前现状图片、施工中图片和竣工后图片。

② "两承诺"指项目建设主体要对建设质量和廉政工作作出承诺，主管部门对项目廉政管理作出承诺；"三公开"指及时向社会公告以奖代补项目、项目建设主体、奖补资金。

与林草部门等协同配合，高标准推进林草种植。

6.2.4 优化建管模式，促进工程良性运行

针对水土保持工程项目点多面广、资金额度小等特点，上犹县根据奖补工程不同类别及资金规模，大胆创新建管模式，积极推行项目建设管理群众参与制，采取多种方式让群众参与工程建设管理全过程。对通过租赁、承包、股份合作形式开发经营和农户责任山的水土保持林、经济果木林及其坡面水系配套工程，由受益业主自行施工管理；对分散的小型民生类水土保持项目，由村民理事会或农业专业合作社组织人员施工管理；对封禁治理项目，则由项目村村委会聘请当地村组人员负责管护。自己的事情自己干，所有建设主体均主动抓进度、保质量，自觉搞好后续管护，有效保障了工程建设和管理质量，实现了治理质量和效益的双提升。

实施水土保持工程建设以奖代补试点近三年来，赣州市各试点县（区）始终围绕山水林田湖草沙要素统筹治理，把以奖代补试点项目实施与推进河长制工作及农村环境综合整治有机结合、互动发展，让项目区逐步实现"河畅水清、岸绿景美、人水和谐"，有力推动了生产、生活环境改善及区域生态文明建设。上犹县长坑村通过实施山上封禁治理、乡村河道整治、高标准建设污水处理设施等三大类以奖代补项目，共完成封禁治理面积291.1公顷，修建生态河堤412.9米、生态景观工程3座、河边游步道569.55平方米，绿化面积183.56平方米，全村污水处理率达到了98%以上，整体生态环境质量得到大幅提升，构建了水土流失综合治理、河道环境整治修复、村庄人居环境提升的水土保持生态文明建设新格局。同时，

在以奖代补试点工作中，各试点地区以奖补资金为引导，在实施综合治理小流域内形成"一河清泉水、一条经济带、一个产业链、一道风景线"，不断提高治理整体效果，助力脱贫攻坚和乡村振兴。宁都县小洋小流域借助水土保持以奖代补项目，严格按照水土保持生态果园的标准建成了高标准生态脐橙园，保证了生态扶贫产业基地发展的健康可持续，带动 32 户 128 名贫困人口脱贫。

6.3　启示与思考

赣州市各试点地区通过采取以奖代补方式，广泛调动社会力量参与工程建设，全面扩宽了水土流失治理投资渠道，切实加快了水土流失治理步伐。及时总结以奖代补实施过程中的经验教训，有利于进一步完善这一机制，使其更好地应用于水治理相关工作。

6.3.1　强化总结评估，科学有序扩大实施范围

赣州实践证明，以奖代补是鼓励和引导社会力量和水土流失区广大群众积极参与水土保持工程建设，充分发挥财政资金撬动作用，调动社会资本投入，加快推进水土流失治理进程的一项重要改革举措，是一项群众欢迎、行之有效的政策机制。建议进一步加强对水土保持工程建设以奖代补试点工作的总结评估，充分提炼总结试点地区成功经验和模式，并在此基础上，适时扩大试点实施范围，选择不同自然条件、资源禀赋和经济社会发展状况的地区作为试点，加强动态跟踪评估，进一步探索符合不同地域特点、水文气候条件的以奖代补工程建设模式和路径。

6.3.2 强化顶层设计，广泛推广以奖代补机制

采取以奖代补方式来改革创新水土保持工程建管机制，其优势在赣州市各试点地区得到了充分凸显，但以奖代补机制毕竟是一项全新且仍在积极探索中的政策举措，要改革传统的基建项目建管模式，全面实现水治理工作中工程建设以奖代补的多元化、制度化、规范化和常态化，还需要在试点探索实践、总结提升的基础上，在奖补资金渠道、奖补范围、奖补标准、奖补流程等政策关键点方面，进一步完善以奖代补机制制度设计，细化实化奖补政策和实施办法，探索在合同节水、节水技术改造、河湖水环境综合整治、农村小型水利工程管护等不同水治理领域，开展以奖代补机制的可行路径和实施方案，为社会力量和社会资本参与水治理探索出一条好路子。同时，通过制定操作技术指南、开展专业技术培训等，为地方以奖代补项目实施提供必要的技术指导。

6.3.3 强化政策协同，提升整体治理效果

赣州市各试点地区在推进以奖代补试点工作中，把以奖代补项目实施与生态清洁小流域建设、美丽乡村建设等有机结合，通过实施生态修复、水环境整治和生活污水处理等以奖代补项目，有效改善了区域水环境及农村人居环境，通过以奖代补资金引导，在构建水土保持综合防治体系的基础上，全力打造具有文化特色、山水特色、产业特色的美丽乡村示范，实现了绿水青山与金山银山的共存共荣，不断提高治理的整体效果。因此，在水治理过程中，水利部门要跳出"以水治水""就水利谈水利"的盲区，注重政策项目的统筹协调，加强与全国重要生态系统保护和修复重大工程等国家重大

政策资源的统筹衔接与互联互通，把农村水利深度融入乡村建设行动中，出方案、聚合力，形成目标一致、协作配合的协同机制。

6.3.4 坚持上下联动，协同推进水治理

水问题的复杂性及治理任务的艰巨性，决定了水治理需要凝聚各方力量协同推进，特别是要广泛地动员和组织社会公众积极参与。赣州市在推进以奖代补试点工作中，不仅为推动项目实施制定了一系列管理规章、制度措施，而且注重发动当地群众和其他社会阶层参与工程建设，从引导大量社会资本投入以奖代补项目，各村民理事会、农业合作社等自主施工建设，到当地群众自主推选德高望重的人担任质量监督员、管护员等，均是社会和公众"自下而上"主动参与水治理、实现自我管理、自我服务的生动实践。因此，在推动水治理、解决水问题过程中，政府在通过制定行政措施"自上而下"推进落实的同时，更要注重社会治理，积极动员和组织广大群众积极投身水治理，为扩大公众有序参与提供有效途径，充分发挥他们的主体作用，实现政府治理与公众自我管理的有效衔接和良性互动。

（致谢：在案例调查总结过程中，赣州市水利局局长宋怡萍、赣州市水保中心监督支队队长钟文锋、赣州市水保中心工程师卢慧君等领导和专家给予了大力支持，提供了大量素材，在此表示衷心感谢。）

7

梅溪流域建设水美乡村、
留住百姓乡愁

【编者导读】

梅溪发源于金华婺城区箬阳乡平坑顶，在综合治理前，流域水利工程建设起点较低、标准不高、老化严重；河道存在乱占、乱建等问题，部分桥梁、堰坝布局不合理，阻碍行洪；流域沿线农村生活用水及 5 个砂石料场污水直排，造成水体污染；村民收入基本依靠田间劳作，经济十分薄弱，等等。针对流域及沿岸经济社会面临的主要问题，2013 年金华市启动梅溪流域综合治理，将梅溪打造成了一条集河道、堤防、堰坝、水闸、绿道、公园为一体的水利生态示范线、美丽乡村样板线、生态风景旅游线、休闲养生观光线，撬动全流域美丽产业发展，实现了经济、社会、生态综合效益最大化。

梅溪位于浙江金华市区南部，属钱塘江流域金华江（又名婺江）水系武义江支流，是金华市重点打造的三条廊道之一——浙中生态廊道武义江上的一个重要节点，具有得天独厚的生态条件和地理条件。近年来，金华市启动梅溪综合治理工程，按照"生产、生活、生态、生机、生计"共荣的系统治水思路，以治水推动引领流域经济社会转型升级，以水文化串联生态与民生，打通水脉、挖掘文脉、带动金脉，不仅勾画出具有山水、田园、诗意的美丽梅溪画卷，更带动流域两岸经济高质量发展，有力助推了水美乡村建设，取得了显著的生态和经济效益，相关经验值得借鉴推广。

7.1 梅溪流域概况

梅溪发源于金华婺城区箬阳乡平坑顶，流域面积 248 平方千米，干流总长 53.2 千米，自南向北注入安地水库，出库后绕经安地镇向北至雅畈镇西北约 1 千米处汇入武义江，其中安地水库溢洪道下游 14.3 千米，流域面积 103 平方千米，流经婺城区箬阳乡、安地镇、雅畈镇、金华开发区苏孟乡等 4 个乡镇，平均河宽 70 米。梅溪地理位置突出，是连接仙源湖、石门小镇、苏孟水乡、体育中心、金华南大门等五大区块的纽带。

梅溪在综合治理前，流域水利工程建设起点较低、标准不高、老化严重。堤防为渠道式的纯水利工程，且局部堤防防洪标准不达标，河道内部分堰坝的功能和外观单一，仅有拦水蓄水作用，未兼顾生态、景观等方面的要求。河道存在乱占、乱建等问题，部分桥梁、堰坝布局不合理，阻碍行洪。流域沿线农村生活用水及 5 个砂石料场污水直排，造成水体污染、水质变差。沿线村庄产业落后，青壮年大多外出打工，甚至很多户已全家搬迁，房屋无人居住，年久失修、破败不堪、杂草丛生；村民收入基本依靠田间劳作，如安地镇岩头村 2016 年前村民人均年收入仅 5000 ~ 8000 元，村集体经济无收入，经济基础十分薄弱。

针对流域及沿岸经济社会面临的主要问题，金华市政府 2013 年于提出要将梅溪打造成"金华最美河流"，推动编制《金华市区梅溪流域综合治理规划》，于 2016 年全面启动梅溪流域综合治理工程，2019 年金华梅溪流域通过浙江省美丽河湖验收。通过实施水系防护与防洪、生态保护与修复、水质保护与改善、文化保护与弘扬、土地综合利用与开发等五大建设工程，治理河道 14.3 千米，生态修复面积达 62.1 万平方米，水质保持在 Ⅱ 类以上；建设全线贯通的绿道系统 28.6 千米，将梅溪打造成了一条集河道、堤防、堰坝、水闸、绿道、公园为一体的水利生态示范线、美丽乡村样板线、生态风景旅游线、休闲养生观光线，撬动全流域美丽产业发展，实现了经济、社会、生态综合效益最大化。

7.2　主要做法

金华市在梅溪流域治理实践中，坚持系统观念统筹谋划，综合考虑流域水安全、水生态、水景观、水文化、水产业，以治水助推流域经济社会转型发展，着力打造"生态梅溪、诗画梅溪、文化梅溪、富裕梅溪"，其实践经验主要包括以下几方面。

7.2.1　以水为基，打造生态梅溪

金华市坚持生态优先，充分谋划梅溪流域治理项目，多次组织省、市政府部门和水利、景观、旅游、园林、文化等各方面专家现场探勘，把脉论证，编制梅溪流域综合治理规划，提出推行"生态治理"模式，充分尊重自然，在保持河道原有自然风貌基本不变的前提下，打造堤在园中、园在堤中的生态堤防。通过对梅溪河道上原有的堰坝重新改建、堤防加固提档、堤岸生态修复，区域防洪减灾能力得到极大提升，加固新建堤防防洪标准达到 20 年一遇，其中梅溪二环桥以下河段与金华市城市防洪标准（50 年一遇）相衔接，形成了一道绿色生态的防洪闭合圈，有力保护了区域内 5 万余人口、10 万余亩农田安全；通过恢复和营造溪、湾、塘、滩、涧、湿地等不同的水系形态，对驳岸进行生态修复，还原了梅溪岸滩自然生态服务功能，生态修复在保留原有植物的基础上丰富了植物种类和季相，合理组合搭配各种乔木、灌木、湿生和水生植物，构建多样、稳定的植物群落，软化生硬驳岸护坡覆绿，局部增加亲水台阶扩大亲水空间，生态绿化面积达 100.8 万平方米，为区域生态系统自然流转奠定了良好基础。治理后的梅溪不仅满足了河道防洪、灌溉功

能，也成了一道水清、岸绿、景美的生态风景线。

堤防旧貌

堤防新貌

7.2.2 以水为媒，打造诗画梅溪

梅溪流域治理按照"一轴、三区、七景、九堰"①的总体格局，勾画出"一衣带水出南山，夹岸徐行绕林田。七星凝玉桃源乐，九

① "一轴"为梅溪水轴，"三区"为山林溪涧生态区、乡村田园体验区、城市滨水休闲区三大功能区段，"七景"为湖光山色、竹溪探幽、流水童年、婺州风华、乐山知水、梅溪印象、梅溪洲头七处特色节点，"九堰"为上干口堰、新垅堰、芦家闸堰、岩头堰、溪口下堰、苏孟堰、铁堰、茶堰、雅叶堰等九道景观堰坝廊桥。

曲堰落诗画间"的山水诗画长卷，而美丽流域的建设也显著推动了美丽乡村建设，梅溪沿线乡（镇）、村借助梅溪流域综合治理，大力推进"水美乡村""乐水小镇""美丽城镇"建设，积极申请省、市、县级财政资金，并主动配套建设及维修养护资金，实施水系连通、清淤疏浚、堤岸加固、沿河绿化、生态修复，实行村道全面硬化，完成农村改厕，建设了覆盖集镇范围的雨污分流管网，生活污水管网接通各村农户，实现了生活污水无害化处理，各村均设置"两定四分"点位①，建设阳光堆肥房，实现了垃圾分类全覆盖。安地镇依托梅溪生态廊道先后完成了 16 个 A 级以上景区村庄建设（包括国家级 3A 级景区 3 个），基本达到景区村庄 100% 覆盖，2018 年安地镇被评为国家级生态文明示范乡镇，成为省内唯一的城郊湖山型旅游度假休闲区；苏孟乡各村充分谋划将梅溪廊道美景与村庄风景连成一体，创建 A 级景区村庄 8 个，湖海塘被评为浙江省美丽河湖，梅溪、苏孟各村、湖海塘连成一片，成为金华市的后花园。

7.2.3 以水为魂，打造文化梅溪

梅溪流域的治理充分融合了流域文化元素，在项目规划设计阶段，通过走访梅溪沿线乡村，充分挖掘两岸历史文化、民间传说，将流域文化融入重要节点设计，定格在梅溪治理的蓝图上：梅溪七景之一的"婺州风华"位于岩头村附近，开阔的溪岸通过民俗长廊的串联展示本地民俗文化，结合滨水绿道设计营造"暖暖远人村，依依墟里烟"的田园滨水风光；位于铁堰附近的"乐山知水"景点

---

① "两定"即定时、定点进行垃圾集中投放，"四分"即把生活垃圾分为餐厨（厨余）垃圾、可回收物、有害垃圾、其他垃圾四类。

建设了水利博物馆，承担起梅溪和金华水生态建设的展示功能。结合当地民俗传说，梅溪沿岸恢复建设了魁星点将、伏虎把关、雅堂诵经等 10 处文旅景点，以当地文化为脉络建设改造了形态各异的"梅溪九堰"："茶堰"呈现了金华茶山肌理；"溪口下堰"融入了金华雅畈叠馒头祈福的雅意；"上干口堰"和"新垅堰"表现的是自然节理山岩风貌；"岩头堰"通过廊堰结合，展现了婺剧水袖形态；"苏孟堰"则体现了曲水流觞的意境，等等。金华地缘文化的融入为梅溪流域治理赋予了深厚的文化底蕴，诠释了新时代水治理的新路径。

溪口下堰旧貌

溪口下堰新貌

175

上干口堰旧貌

上干口堰新貌

苏孟堰旧貌

苏孟堰新貌

7.2.4 以水为脉，打造富裕梅溪

依托地理位置优势，梅溪治理将沿线的乡镇村落、分散的旅游节点、分块的功能区块有机串联，产生了"长藤结瓜"的效应。金华市政府将梅溪沿岸村都列入精品村、秀美村项目，目前已建成市级精品村 11 个、秀美村 15 个，沿线乡村生态和基础设施配套的提升有效推动了整个板块的价值提升，打开了人才、资本、技术下乡的空间。2020 年 10 月，梅溪治理起点地安地镇成功签约总投资约 60 亿元的蓝绿双城仙源湖观云小镇项目，该项目建成运营后预计实现利税 12 亿元，年客流 300 万人次，产业带动新增就业人数 4000 人，集聚高端人才 2000 人。2020 年，雅畈镇将汪家垄水库打造为新区域地标——燕语湖国际垂钓中心，组织承办了两次专业竞钓赛事，吸引线上线下观众超过 1 亿人次，为全区域相关企业带货 69 万件，直接带动消费 6000 余万元。安地镇岩头村曾经是经济薄弱村，一度

面临村民全体迁移、整村废弃的局面。以水治理为契机，岩头村衍生了诗画岩头文化产业园等多个旅游项目，已吸引13家文创企业入驻，涌现出一批婺州染坊、禾居文创等知名非遗企业，乡村旅游经济形势大好，成了远近闻名的"网红村"。2019年，岩头村共接待游客10万余人次，村集体经济收入突破20万元，村民人均年收入达1.5万元，百姓创富近300万元。水的治理不仅促进了生态环境的改善，而且有效推动了产业转型升级，实现了地方经济的快速发展，留住了人，留住了根。梅溪沿线4个乡镇（箬阳乡、安地镇、雅畈镇、苏孟乡）公共财政收入由2015年的550万元、727万元、841万元、1027万元增长至2019年的732万元、2100万元、3067万元、18617万元。

7.2.5 以水为乡，让百姓留得住乡愁

梅溪流域通过综合治理，不仅河道生态及防洪条件得到了改善，也为沿线居民提供了亲水空间，主题公园、全线绿道、休闲驿站、缓坡驳岸成为居民郊野运动、休闲娱乐的理想场所，更为当地的旅游经济注入了新的血液，沿线乡村旅游快速发展为村民增收致富创造了有利条件。在苏孟乡，优美的乡村风景，如火如荼的农业观光、乡村休闲旅游产业，吸引了大批乡民返乡创业，据不完全统计，近4年来苏孟乡常住人口数增长2000余人。在安地镇岩头村，外出务工村民纷纷迁回村中居住，改造房屋，办起了农家乐和民宿，村里现有农家乐5家，"家+"民宿床位50余张，红火的乡村旅游经济让村民实现了在家门口就业。更重要的是，"绿水青山就是金山银山"理念更加深入人心，沿线村镇居民群众主动治理意识和环保

意识明显提高，"垃圾不落地、污水不横流、危房不住人、禽畜不放养、杂物不乱堆"的村规民约日渐成为民众共识，公众自发节水、爱水、护水的良好氛围逐步形成。如今，梅溪沿线河清、水美、民富的乡村新貌让更多的人"望得见山水，记得住乡愁"，也点亮了更多人的回乡路、创业路，为乡村发展振兴注入了新活力。

7.3 启示与思考

梅溪流域治理经验表明，落实"系统治理"，需要从思想观念上转思路、想出路，统筹谋划，多措并举，保障水生态安澜，传承弘扬水文化，推动引领绿色水产业，营造全民治水新格局。

7.3.1 强化全局性谋划，探索以水利发展引领经济社会发展的新路径

推进系统治水，要强化全局性谋划，不仅要治水，还要把水作为重要的生态和战略资源，因地制宜谋划挖潜水的生态价值，发展绿色产业，探索以水利发展引领经济社会高质量发展的新路径。在梅溪流域综合治理项目规划阶段，金华市政府把握全局，深度谋划以治水撬动经济高质量发展，充分考虑流域地理条件、自然禀赋、文化特色，统筹水治理和产业转型、经济发展、百姓增收协同并行，通过治水充分释放流域生态红利，大力发展农村旅游、文化娱乐、民宿经济，推动形成了流域经济高质量发展的重要增长极。各级水利部门应提高站位，主动作为，在把水资源作为刚性约束的前提下，以敢为人先的气魄和精雕细琢的工匠精神做好流域高质量发展"水文章"，将治水与生态保护修复、绿色产业转型、改善民生福祉等

深度融合，因地制宜充分利用水体、岸线、滩涂、砂石等资源，谋划绿色涉水工业、涉水生态农业、涉水旅游业，探索把绿色水产业培育成为新的经济增长点。加快推进水生态产品价值实现，探索以水生态产品价值核算为依据，通过水生态补偿、市场化交易的路径，建立政府、企业、个体广泛参与的流域水生态产品价值实现体系。

7.3.2 挖掘流域文化元素，推动水文化和经济社会融合发展

中华民族自古择水而居，在几千年人与水的交互中孕育了博大精深的水文化，成为中华民族灿烂文明的重要组成，黄河文化更是中华民族的"根"和"魂"。习近平总书记在党的十九大报告中指出："文化是一个国家、一个民族的灵魂。文化兴国运兴，文化强民族强。"习近平总书记在黄河流域生态保护和高质量发展、长江经济带发展座谈会上强调，要保护、传承、弘扬黄河、长江文化，延续历史文脉，坚定文化自信。这对我国江河湖泊系统治理提出了更高要求。梅溪流域治理以更好地满足人民群众物质和精神文化需求为目标，用根脉留住人脉、用文脉赢得商脉，将历史文化元素深度融入流域综合治理，讲好流域水文化传承故事，做好水文化产业文章，形神兼备，让梅溪成为当地居民安居、乐业、耕耘、致富的美丽家园。因此，系统治水应牢牢把握水文化建设的民族性和人民性，深入挖掘流域文化元素，将流域历史文化、山水文化与城乡发展相融合，推动水文化和经济社会融合发展，以水文化串联生态和民生，把更多创业队伍"引回来"，让更多怀有"乡愁"情结的人"留下来"，让文化记忆成为每条流域的代表性符号和标志性象征，让水文化成为最深沉最持久造福人民群众的精神力量。

7.3.3 与时俱进谋创新，不断丰富系统治理的实践要义

系统治理是一个动态发展的过程。浙江省始终走在全国治水改革的前列，2013 年浙江省政府全面启动"五水共治"，分步推进实现了"清三河""剿灭劣 V 类水"两个阶段目标后，2018 年进一步提出"美丽河湖建设"第三阶段目标，实施"百江千河万溪"水美工程，以美丽河湖串起美丽城镇、美丽乡村、美丽田园。2020 年，浙江省响应习近平总书记"建设造福人民的幸福河"的号召，全面部署美丽河湖升级版"幸福河"建设，推动治水不断向治理水平和治理能力现代化迈进。金华市作为浙江治水的先行地，在实现水生态环境显著改善的目标后，推出了"浙中生态廊道"，旨在形成融入产业、厚植优势的生态经济带。梅溪流域是"浙中生态廊道"的重要节点，金华市政府以将梅溪建设成浙江省（乃至全国）践行新时代治水思路的示范区为目标，高位推进，与时俱进深度谋划，结合乡村振兴战略，以治水带动特色水产业发展，以美丽流域建设促进美丽乡村建设；围绕幸福河建设，在满足梅溪防洪、供水安全的基础上，坚持景观生态治理，实行智慧化管护，并深入挖掘、发展弘扬特色水文化，不断丰富梅溪系统治水的内涵。因此，推进系统治理需要紧跟时代需求，以前瞻性、全局性、战略性、整体性思路进行谋划，以改革创新驱动系统治水内涵不断深化拓展，助推流域高质量发展。

7.3.4 促进共建共治共享，持续提升流域治理能力和水平

系统治水应重视引导公众参与，促进社会协同，推动形成公众参与、监督、尽责的社会治水共同体。梅溪流域在治理中，建立健

全了覆盖全社会多层次的生态文明制度体系，充分发挥河长、湖长、塘长制作用，结合村规民约等自治风俗约束，积极推行物业化管护，通过文化渗透、产业富民，让"两山"理念、乡愁文化深植民心，充分调动了公众主动参与治水管水的积极性。因此，推进系统治水，要健全完善共建共治共享的治水制度，多措并举吸引社会各界力量、民间资本参与治水，充分调动民众治水的积极性，实现政府治理同社会治理、居民自治良性互动，打造人人有责、人人尽责、人人享有的系统治水新格局。只有人人参与治理，才能实现生态效益、社会效益与经济效益的共赢。

（致谢：在案例调查总结过程中，浙江省金华市水利局局长金时刚、科长毛米罗等领导和专家给予了大力支持，提供了大量素材，在此表示衷心感谢。）

8

塔后村深挖水生态产品价值，
建设美丽幸福乡村

【编者导读】

　　塔后村位于浙江省台州市天台县，自20世纪末开始，随着农田少种、用水方式的改变，水系的原有功能日渐消退，村民门前屋后杂草丛生，柴火随意堆放，猪圈遍地、污水横流。可以说，20年前的塔后村是一个异常偏寂、堪称天台最穷村的小山村，以至于当地曾经流行过一句俗语："嫁女不嫁塔后岙"。自2005年起，塔后村以水系治理为切入点，结合"千村示范、万村整治"工程，以水系构建、水岸资源联动开发为主线，整合山林、田园、旧宅等要素，深挖水生态产品价值，大力发展民宿、康养、文旅产业，逐渐形成"水岸资源统领，以水养村、以水育人、以水兴业"的水生态价值实现路径，探索走出了水美乡村助力乡村振兴的新路子。

2005 年，时任浙江省委书记的习近平在浙江安吉考察时指出，如果能够把生态环境优势转化为生态农业、生态工业、生态旅游等生态经济的优势，那么"绿水青山"也就变成了"金山银山"。今天，绿水青山就是金山银山理念已成为引领我国走向绿色发展之路的重要指南。2021 年 2 月，中央全面深化改革委员会第十八次会议审议通过了《关于建立健全生态产品价值实现机制的意见》，强调建立生态产品价值实现机制关键是要构建绿水青山转化为金山银山的政策制度体系，探索政府主导、企业和社会参与、市场化运作、可持续的生态产品价值实现路径。加快实现生态产品价值，已成为各地经济社会发展的主旋律之一。浙江省天台县塔后村作为"两山"理论的探索者和先行者，坚持新发展理念，以水系连通及水美乡村为依托，以强村富民为目标，深挖水生态产品价值，利用周边地理特色资源和人文资源，走出了一条让乡村留住"形"、守住"魂"、吸引"人"的生态文明之路、美丽幸福之路，对各地乡村振兴具有一定的启示作用。

8.1 天台塔后村概况

浙江天台县塔后行政村，下辖四个自然村（上岙、张姚、下洋、下王），共 419 户 1196 人，耕地 553 亩，山林 1123 亩，辖区内拥有坡塘溪、三茅溪两条自然溪流，水塘25口。坡塘溪自村后坡塘山汇流而下，流经三茅溪后汇入天台母亲河始丰溪。村边的赤城山脚下现存的五口连环塘（立志乔、清塘、柿树塘、丫叉塘、心连塘），似一串珍珠挂在赤城山上。历史上塔后人引坡塘溪水聚流至五口塘，用于灌溉，滋养村民生产生活，每个自然村内均有几处门口塘，用于村民生活用水和防火备水。20世纪末开始，随着农田少种、用水方式的改变，水系的原有功能日渐消退，村民门前屋后杂草丛生，柴火随意堆放，猪圈遍地、污水横流。可以说，20年前的塔后村是一个异常偏寂、堪称天台最穷村的小山村，以至于当地曾经流行过一句俗语："嫁女不嫁塔后乔"。

在绿水青山就是金山银山理念的指引下，塔后人认识到，要改变贫穷落后的面貌，必须首先做好"水文章"。自2005年起，塔后村以水系治理为切入点，结合"千村示范、万村整治"工程，对村庄整体规划和乡村产业发展进行全方位提升。在引得清流润塔后的同时，切实解决了环境差、增收难、致富难的问题，打破"千村一面"的建设模式，以"不与众山同一色，敢于平地拔千仞"的塔后精神建设宜居塔后、人文塔后、共富塔后。

20年前的塔后村（一）

20 年前的塔后村（二）

如今的塔后村

8.2 主要做法

塔后村坚持以水系构建、水岸资源联动开发为主线，整合山林、田园、旧宅等要素，深挖水生态产品价值，大力发展民宿、康养、文旅产业，逐渐形成"水岸资源统领，以水养村、以水育人、以水兴业"的水生态价值实现路径。

8.2.1 以水养村，建设宜居塔后

一是构建水系。以坡塘溪为源头，在近村山坡聚流成潭，分三股入村：一股导入村北面农田，再在北村口汇入坡塘溪，解决农业用水问题；一股流入坡塘溪穿村而过，"九曲十八弯"绕民居而行，串起每口村内塘，营造碧水绕村的水乡风情；一股通过引水沟环赤城山入五口连环塘，再在村东汇入村中坡塘溪，恢复连环塘的蓄水功能。三股水系最后全部汇流至坡塘溪，形成"高山坡塘溪—引水沟—连环塘—农田—村落（村口塘）—村中坡塘溪"的水系连通格局。

二是沿水布局。在解决水系问题之后，塔后村自 2012 年开始启动水岸同治，着手梳理空间布局，委托中国美术学院编制美丽乡村建设规划，统筹村内山、水、林、田、路、房等资源，沿坡塘溪按照不同的区位功能划分为台岳南门区、民宿集聚区、大地艺术区、诗路驿站区、梁妃之恋区、春暖花开区、田园风光区，形成"一溪带七区"发展格局，为可持续发展打好空间基础。

三是治水洁村。以农房改造为契机，坚持两手抓：一手抓整合建设，全面盘活"沉睡"资产资源，推进闲置土地、闲置农房的流

转，腾出空间建设民宿，打造水岸人家，开发开心农场，开辟创意菜园；一手抓整治建设，开展全域环境革命，从庭院这个最小细胞入手，精准打出治水拆违、污水革命、垃圾革命、厕所革命等系列组合拳，完善供水、排污系统，解决长达 10 年的污水臭气问题，建成游客中心、便民中心、生态停车场、星级旅游厕所和文化大礼堂、乡村大食堂，整个塔后面貌焕然一新。

四是以水美景。深化"人人是园丁、处处成花园"行动，以水系为基础，把流经村中心区域河段设计成"曲水流觞"的形态，立足村内一草一木开发景观（均选自《本草纲目》中 170 多种能开花的中草药），把每一户民宿作为一个景观小品来落地，把每一处公共休闲区域作为禅修养生节点打造，把每一片农田山地作为旅游观光和乡村产业来开发。呵护生态、修复肌理，传承记忆、呈现韵味，还乡村以自然秀美，凸显神秀山水的天生丽质。

塔后村口公园获评浙江省园林景观设计金奖。塔后村先后入选全国乡村治理示范村、2020 年中国美丽休闲乡村、第二批全国乡村旅游重点村、第二批国家森林乡村、国家首批绿色村庄，获得"美丽宜居，浙江样板"双百村、浙江省农家乐集聚村、浙江省休闲旅游示范村、浙江省农村引领型社区和 2020 年浙江森林氧吧等荣誉称号。

8.2.2 以水育人，建设人文塔后

一是以水感化人。2018 年，"曲水流觞"环绕中的村文化礼堂建成投入使用。村里的人文故事、乡土风情等文化元素以多种形式在礼堂集中展示，文化礼堂成为村里最热闹、最具底蕴的地方。通

过举办各种文化活动，不仅深化人文交流，更悄然改变村风村情。搓麻将、玩扑克的人少了，听讲座、学才艺、排节目的人多了。同时，在新的村口（两自然村交汇处）修建大河塘，取名"和塘"，意寓和通融合，辅以沟、路，把自然村在居住空间上连在一起，使"我们村"成为各村共识。

二是以水引进人。以水美乡村建设为契机，大力实施"两进两回"，招引18名青年回乡参与村庄建设和经营，形成资金进村、科技进村、乡贤回归、青年回归的新局面。浙江某药业有限公司董事长，曾在村后坡塘山临水源处花8年时间破解铁皮石斛大面积人工栽培的世界性难题，离村创业成功后，选择回归参与家乡规划与建设；中共浙江省委党校副校长、国家"万人计划"哲学社会科学领军人才回归为家乡梳理文化资源，帮助引进人才；"2019年度浙江省乡村旅游带头人"、国家文化和旅游部"2019年度乡村文化和旅游能人支持项目"获得者回归任村党总支书记推动乡村治理与发展。

三是以水吸引人。随着美丽溪流、美丽河塘、美丽庭院、美丽空间的不断呈现，塔后美丽乡村建设也步入新阶段，先后与中国美术学院、浙江传媒学院、台州学院、台湾智创团队开展驻地乡村传统文化挖掘、中草药文创产品开发、乡村影像采集调查、农副产品提升开发。在水田上、荷花池中设置田园大舞台，联合举办各类研学、音乐节、艺术展、时尚秀等活动，推动审美理念转变，共同打造艺术时尚乡村。2018年开始，连续3年举办塔后音乐节，吸引上万游客，省、市、县媒体广泛关注、争相报道，直接带动民宿入住率增长15%以上。因地处天台山南麓，塔后也是著名的浙东唐诗之路的一部分。唐代著名诗人元稹曾为塔后留下诗句："仙驾初从蓬海来，相逢又说向天台"。而今作为中国美丽休闲乡村的塔后，也吸引着众多的海内外游客前来重游唐诗之路。

深厚的文化底蕴推动塔后村入选中华诗词之村，获得"浙江省生态文化基地""浙江省善治示范村""浙江旅游总评榜年度人气旅游景区村"等荣誉称号，更成为浙江深化"千万工程"建设新时代美丽乡村现场会和诗路文化带建设暨浙东唐诗之路启动大会等一批重量级现场活动的主要考察点。

塔后村文化礼堂

8.2.3 以水兴业，建设共富塔后

一是亲水赋能民宿。"春水碧于天，画船听雨眠"。水系治理及水美乡村建设，给乡村注入了活力，提升了颜值，促进了人居环境的改善和生活品质的提升。塔后民宿集聚效应不断扩大，民宿日渐向文宿、美宿、心宿转型提升，休闲度假业态逐步成型。为了满足发展的需求，村里制定民宿发展规划，搭建民宿共享平台，成立旅

游发展公司，建立规范化经营体系。通过二维码信息管理，依据装修、服务、特色统一对民宿进行综合评估定价，不同档次对应不同价位，村集体通过平台收取15元每间的管理费，为村民提供就业岗位和收入的同时，实现村、户双赢，走出了民宿经济可持续发展道路。台州学院民宿学院在这个小山村挂牌落户，成为台州市农业领军人才创业实训基地和台州农民学院教学实训基地，成为首批"浙江省职工疗休养基地"。

二是好水赋能康养。依托良好的水生态环境，塔后村2016年推出60多个品种的牡丹，举办了牡丹花文化节，很快走红网络，各地游客接踵而来。2017年起，村集体又把村口周围30多亩近水农田从村民手中流转回来，连通坡塘溪水系，引进经济合作社打造集荷花生态观光、采莲、水产套养为一体的全套荷塘产业链，每年为塔后村集体经济增收30多万元。同时，村内流转土地100多亩统一建成中草药样本园，种植乌药、艾草、洛神花等11种中草药，由村集体负责统一管理与销售，带动整个塔后片区中草药种植1200亩，实现村民共富。

三是活水赋能新业态。水美乡村建设进一步赋能塔后发展，新建修复的坡塘溪水系，串起的每口村内水塘，营造的"九曲十八弯"碧水绕村景象，激活了塔后村的发展业态。渠道两岸近20亩空间利用再生，打造轻奢帐篷基地、房车基地、漫行花径观赏带等，集约使用土地，延展了经济价值和社会价值。打造村内源头活水自然漂流，集穿村观光、光幕夜游、亲水体验为一体的综合性乡村度假项目，激活了乡村经营和水生态价值。连通恢复坡塘溪至赤城山脚五口连环塘水系，推出大地艺术、沉浸式体验、塔后印象演绎、漫村徒步和下午茶、咖啡吧、书吧等休闲配套，打造年轻人喜欢的乡村新业态。

塔后村践行"绿水青山就是金山银山"理念，深挖水生态产品价值，以高质量发展促进共同富裕。统计显示，塔后现有民宿61家，床位850张，乡村酒店、农家乐、休闲设施等配套完善。2020年全村接待游客36万人次，直接营业收入2324万元，村集体净收入166万元。2020年村民人均可支配收入35000元，远高于当年天台全县农村常住居民人均可支配收入26370元，与2020年全县城镇常住居民人均可支配收入倍差缩小到1.5以内。

8.3 启示与思考

发展理念管全局、管根本、管方向，直接关乎发展成效乃至成败。塔后村坚持理念先行，深入践行"绿水青山就是金山银山"理念，依托水系连通及水美乡村建设，深挖水生态产品价值，促进"水、农、旅"融合发展，用生动实践深刻阐释了新发展理念，对于建立健全水生态产品价值实现机制具有重要参考价值。

8.3.1 把创新作为实现水生态产品价值的重要驱动

创新是引领发展的第一动力。推动实现水生态产品价值，既要有理念和思路的创新，也要有制度和政策的创新。在"绿水青山就是金山银山"科学理念的指引下，出台打通绿水青山转化为金山银山实现路径的制度和政策，并将之落实到具体措施和行动上。塔后村以修复和保护良好水生态环境为切入点，创新发展外来资本注入、品牌连锁、村民自主运营等三种市场化经营模式发展民宿产业，打造了新时代美丽幸福乡村样板地。加快实现水生态产品价值，必须坚持创新发展，在水、土地、森林等自然资源联合开发与经营上下功夫，探索形成资源开发、资产经营、产业发展等多元生态产品价值实现机制。

8.3.2 把协调作为实现水生态产品价值的重要原则

协调发展强调发展的整体性。实现生态产品价值，也需要坚持生态保护和经济社会发展两轮驱动，既要绿水青山，又要金山银山。塔后村坚持水美乡村和产业富民两翼共振，在建设美丽乡村的同时，也在富民上找出路，实现从美丽乡村到美丽经济的升级。加快实现水生态产品价值，要坚持"软实力"和"硬实力"两手抓，坚持发展与保护的协调统一。要持续提升水生态系统的质量和稳定性，提供更多的水生态产品，实现水生态产业化；要将从水生态产业发展中获得的经济优势反哺水生态系统的保护，持续提升水生态产品生产能力，促进水生态产品和水生态产业良性循环。

8.3.3 把绿色作为实现水生态产品价值的重要导向

绿色发展体现产业转型升级的目标导向。促进生态产品价值转换是推进我国产业转型升级、形成新的经济增长点的重要途径。塔后村坚持绿色循环低碳方向，走资源节约型、生态保护型的发展之路，打造康养品牌和民宿集群，实现了经济社会发展的转型升级。加快实现水生态产品价值，就要强化对水生态产品价值的理解、形成、交换、实现等关系的认识，推动构建资源消耗低、环境污染少、科技含量高的绿色产业结构和绿色产业链，推动产业生态化。

8.3.4　把开放作为实现水生态产品价值的重要路径

　　开放发展是观念、是格局。坚持开放发展，有利于创新发展获得新动能、协调发展获得新空间、绿色发展获得新活力、共享发展获得新基础。塔后村深入实施科技进乡村、资金进乡村和青年回农村、乡贤回农村的"两进两回"政策，不仅引进先进技术和人才探索水生态产品价值实现路径，也推动塔后不断走出去，寻获新的发展契机和路径。开放的塔后向社会敞开怀抱，在乡贤回归的同时，也吸引了一大批外地有识之士来塔后创业；在助力经济发展的同时，也提升了小山村的文化品位。实现水生态产品价值，也要秉持开放的态度，敢于打破坛坛罐罐，走出条条框框，在资金投入、人员投入上，在治水管水上，加大向社会开放的力度，有效整合各类资源和政策，推动形成社会共治。

8.3.5　把共享作为实现水生态产品价值的重要目标

　　共享是发展的出发点和落脚点。塔后村的乡贤带领全村探索致富之路，在深挖水生态产品价值、厚实集体经济后，又通过政策红利促进全村村民共同富裕。如在村集体每年的经济收入中，通过土地流转租金、分红形式"反哺"村民 16 余万元等。加快实现水生态产品价值，不仅要统筹流域上下游、左右岸、干支流实现水生态产品的共享，更要在发展上想办法，建立健全水质水量生态补偿机制，使流域发展成果更多更好地惠及人民群众。

　　塔后村从贫穷到共富、从一个名不见经传的小村到明星村的蜕变，探索走出了一条依托水生态产品价值实现的致富之路，这得益于塔后村村集体的系统谋划，得益于政府的大力支持，得益于广大乡贤的持续接力，得益于广大村民的群策群力，更得益于新发展理念的引领。从塔后的发展过程和成效看，无论是文旅经济还是康养经济，无论是宜居塔后还是人文塔后，其发展和建设都离不开一个"水"字。"以水养村、以水育人、以水兴业"，把水利在助力乡村振兴、促进共同富裕方面的作用表现得淋漓尽致。实践证明，有思路就会有出路，只要坚持新发展理念，坚持系统观念，就能找到方法和措施，推动实现水生态产品价值。当前，可借助水利部和财政部联合开展的"水系连通及水美乡村建设"试点项目的示范引领作用，让全社会更进一步认识水的资源价值、经济价值和生态价值，在享受"水"带来的幸福的同时，能够主动调整自己的行为，自觉参与到知水爱水节水护水的行动中来，这是水的社会价值、人文价值的体现，也是推动实现水生态产品价值走向高端的重要标志。

（致谢：在案例调查总结过程中，浙江省水利厅建设处处长宣伟丽、天台县始丰街道副书记金天琼、塔后村党总支书记陈孝形等领导和专家给予了大力支持，提供了大量素材，在此表示衷心感谢。）

9

墨累－达令河之流域综合管理

【编者导读】

　　墨累－达令河流域是澳大利亚最大的流域，流域面积100万平方千米，约占澳大利亚国土总面积的14%，该流域大部分位于半干旱地区，地表水资源非常有限。墨累－达令河流域发挥着重要的社会、经济和环境价值，为推动澳大利亚经济社会发展做出了突出贡献，但发展过程中曾存在不少问题，包括水资源短缺、用水矛盾突出，水质恶化、水污染严重，流域生态系统退化问题凸显，等等。为应对干旱挑战，解决长期以来由于水资源不合理利用产生的一系列问题，墨累－达令河流域经过百年政策探索和实践，对流域管理体制进行改革，形成了以流域资源可持续利用、生态环境建设和社会经济协调发展为目标的流域综合治理政策体系，促进水资源的统筹利用。

墨累－达令河流域是澳大利亚最大也是水资源开发利用程度最高的流域，是澳大利亚农牧产业核心区，具有重要的社会、经济和生态地位。但是，随着流域人口增长、经济发展以及城镇化进程加快，过去相对粗放的发展方式产生了严重的流域水资源危机，加之流域管理与协调问题突出，流域内各州政府间时常发生用水冲突，曾一度影响了流域的可持续发展。为应对演变的流域环境和凸显的流域问题，墨累－达令河流域经过一个多世纪的探索实践，不断完善管理体制，经历了从解决单一分水问题到流域综合管理的转变，实现了政府、市场和社会公众协同治理，取得了显著的治理成效。本章以墨累－达令河流域为例，总结其流域综合管理的主要做法和经验，为我国流域系统治理提供参考。

9.1 墨累－达令河流域概况

墨累河是澳大利亚最大最长的河流，发源于澳大利亚东南部，注入印度洋的因康特湾，干流全长 2589 千米（如以达令河为源，全长 3719 千米）。达令河是其最大的一级支流，其流量约占墨累河总流量的 20%。墨累－达令河流域是澳大利亚最大的流域，流域面积 100 万平方千米，约占澳大利亚国土总面积的 14%，包括新南威尔士州、维多利亚州、昆士兰州、南澳大利亚州和首都直辖区。该流域大部分位于半干旱地区，地表水资源非常有限，且年内年际变化很大。墨累河上游依靠山地降水、雪水补给，水位很低，多数支流的中、下游常因干旱断流，达令河曾连续断流 11 个月。流域内建设了众多水利工程，水资源开发利用程度接近 80%，主要用于灌溉、供水和发电，其中农业灌溉用水占 90%。墨累－达令河流域是澳大利亚最重要的农业区，澳大利亚 1/2 的耕地、3/4 的灌溉农田、1/2 的绵羊、1/4 的牛肉和奶制品分布在该流域，农业总产值占澳大利亚农业总产值的 40% 以上。同时，墨累－达令河流域为流域外的悉尼、墨尔本、阿德莱德、布里斯班等大城市的发展提供农产品、工业原料及淡水资源。墨累－达令河流域还是澳大利亚生物多样性最丰富的地区之一。

墨累－达令河流域发挥着重要的社会、经济和环境价值，为推动澳大利亚经济社会发展做出了突出贡献，但发展过程中曾存在不少问题：一是水资源短缺，用水矛盾突出。流域降水偏少，仅为全国年均降水量的 6.4%，而经济社会发展用水量占全国的 75%，流域水资源供需矛盾突出。流域内各州的自然地理、水资源格局、社会经济状况复杂，且对水资源的需求不断高涨，各州之间经常因用水问题发生激烈冲突。同时，流域内农业、工业、生活、生态等不同用途间也存在明显的水冲突。二是水质恶化，水污染严重。受自然环境影响，墨累－达令河含盐度和浊度高，流域内广泛的经济活动使水质恶化加剧，曾一度成为澳大利亚污染最严重的流域。三是流域生态系统退化问题凸显。近一两百年人类活动已经使流域生态发生了巨大变化，农田开垦、湿地与河岸带退化，自然植被遭受砍伐与破坏，栖息地数量减少、质量下降，物种灭绝、有害动植物入侵，溪流季节格局变化，流域生态系统失衡，等等。这一系列问题深刻影响流域经济社会的可持续发展。

为应对干旱挑战，解决长期以来由于水资源不合理利用产生的一系列问题，墨累 – 达令河流域经过百年政策探索和实践，对流域管理体制进行改革，形成了以流域资源可持续利用、生态环境建设和社会经济协调发展为目标的流域综合治理政策体系，促进水资源的统筹利用。通过有关各方的持续共同努力，曾一度污染严重的墨累 – 达令河流域水质明显改善，生态基本恢复，其流域管理模式与经验也为世人所称道。

9.2 主要做法

墨累 – 达令河流域管理坚持可持续发展理念，建立了流域整体综合开发和协调管理模式，加强地方政府之间、部门之间，以及政府、市场、公众之间的协同行动，实施跨区域、多元主体共同参与的协同治理，积累了一些好的做法。

9.2.1 坚持生态系统整体观，实施流域综合管理

澳大利亚《联邦水法》针对墨累 – 达令河流域设置了专门的条文，强调将流域内水资源和水生态系统作为一个完整的系统，将管理范畴从流域内的水、土等资源要素扩展到流域整个生态系统，实现流域社会、经济、环境价值的最大化。在联邦法律框架下，设立了统一的、权威的流域管理机构，即墨累 – 达令河流域管理局，统

一负责流域内水资源的综合规划、执行、协调和监督等管理事项，避免各州政府水资源管理决策的局限性，减轻流域水资源开发利用的负外部性。围绕流域管理目标，墨累－达令河流域采取了一系列政策与措施，比如墨累－达令河流域行动、自然资源管理战略、取水限额政策、水权交易政策、土地关爱与社区参与等，推动流域综合管理。

9.2.2 健全协商协调机制，有效平衡各州利益

流域内各州对水资源等自然资源有着不同的利益诉求，为寻求各州相对的利益均衡点，早在 1902 年就开展州际间协作，经过一个多世纪的探索实践，墨累－达令河流域的协调管理机制日趋成熟。一是以完备的法律体系明确各方权责。《联邦水法》《新墨累－达令流域协议》《墨累－达令河流域改革谅解备忘录》《墨累－达令河流域改革政府间协议》等法律、协议对流域协商管理的各个层面进行了详尽且具有可操作性的制度设计，明确了流域内各州参与决策，界定了各州的权利与责任。二是建立了多层次沟通协商机制。墨累－达令河流域设置了部级理事会、流域管理局和社区咨询委员会等管理机构，为利益相关者提供了沟通协商平台，实现了决策层、执行层的协商和沟通。三是重视方案制订阶段的协商。《联邦水法》规定编制或修订流域规划要与流域内各州、流域管理局、社区委员会协商，平衡流域管理中的各方利益。

9.2.3 重视公众参与，推动社会协同治理

广泛的公众参与是墨累－达令河流域管理模式的一大特点。从

流域整体利益出发，政府与社区、企业、非政府组织和公众建立了较成熟的合作伙伴关系，各方通过合作博弈，从流域全局视角自我履行合约。社区咨询委员会是部级理事会的咨询协调机构，其成员由相关机构和利益群体的代表组成，代表了广大的社会公众。社区咨询委员会为社区与部级理事会、流域管理局之间提供了双向沟通的渠道，一方面，为部长理事会和流域管理局提供自然资源管理方面的咨询，并及时将相关决策向社会公布；另一方面，广泛收集民众的建议和诉求并快速上达，促进了流域管理的决策、执行和反馈过程的有序进行。墨累－达令河流域将公众参与尺度扩展到所有长远决策的整个过程，要求政府和社区一起长期承担义务。墨累－达令河流域广泛的公众参与是建立在透明的信息公开制度基础上的，流域各级水服务机构均向公众公布年度财务报告和供水价格测算结果，宣传水知识和有关信息，逐步提升公众参与的积极性、主动性。

9.2.4 发挥市场作用，促进流域水资源高效利用

为遏制流域水资源过度开采，维持水资源良性循环，墨累－达令河流域针对不同用水类型建立了相应的水价机制，农牧业用水和居民生活用水实施水价优惠政策，政府进行适当补贴；工业用水采取市场化定价，维护供水企业的正常利润，以保障供水企业的正常经营和发展。墨累－达令河流域是澳大利亚水权交易最集中、最活跃、交投量最大的市场。一是建立了相对完善的法律和政策体系，对水权的界定、分配、转让、受让、交易、改变、停止等方面作出明确规定，约束和规范交易行为。二是各州明确规定了水权交易程序、方式、方法和交易合同的具体内容，利用互联网及时公布

交易价格和交易机会等市场信息，增强了水权交易的可操作性。三是水权交易价格完全由市场决定，交易双方协商定价，政府进行监管但不直接干预。四是注重发挥交易中介机构的桥梁作用，提供水权记录档案和其他证明文件，提供详细的水权调查分析报告，评估水权的实际价值和交易价格等。五是水权金融市场逐步建立，用户拥有的水权可以作为资本资产，如抵押品和附属担保品来进行资产融资。

9.3 启示与思考

党的十九届五中全会强调要坚持系统观念，更好地发挥中央、地方和各方面积极性，全面协调推进社会主义现代化建设。墨累－达令河流域的管理实践，可为我国破解流域复杂水问题提供一定的参考。

9.3.1 进一步健全流域管理体制，推动流域综合管理

流域管理立法是实施流域综合管理的法律依据，国家以法律的形式明确流域管理机构的法律地位，合理配置流域内政府间事权，理顺流域综合管理体制，是实现流域整体治理目标的基础。墨累－达令河流域制定并多次修改了相关流域法律或协议，明确了流域内各州参与管理的权利与责任，为实施流域综合管理奠定了基础。2020 年 12 月 26 日，十三届全国人大常委会第二十四次会议表决通过的《长江保护法》，是我国第一部立足流域综合治理的立法，从根本上夯实了长江流域综合治理的制度保障。在此基础上，我国应加

快推进重点流域立法，按照全流域统一管理要求，划分流域治理保护相关事权，界定清晰流域管理机构及流域上下游各地区、各主体的权责关系，处理好中央和地方以及流域与区域的关系，建立起权责统一、监督有序、制约有效的流域综合管理体制，夯实流域综合管理的体制基础。

9.3.2　加强利益相关方协商合作，实现流域整体目标

墨累－达令河流域通过各州协商合作，较成功地打破了区域隔阂，有效整合和协调了各方利益诉求，实现了流域内跨界合作与集体行动。我国对水资源实行流域管理与行政区域管理相结合的管理体制，但在实际管理中，流域管理机构作为水利部的派出机构权力有限，很难协调流域内各地区、各部门之间的矛盾。在区域一体化理念不断深入，地区间经济关联度和依赖性不断增强的形势下，一是要健全流域管理联席会议制度，由流域管理机构组织沿岸各省（自治区、直辖市）政府以及水利、生态环境、国土资源、林草等部门的代表定期召开联席会议，共同推进流域重大发展战略、政策、规划等事项研究，同时加强各参与方日常沟通联系，加强信息交流共享，确保政策协同；二是要通过签署流域协同发展合作协议等方式，在业务合作与技术交流等方面建立长期紧密、稳定高效的合作机制，共同推进流域协同发展。

9.3.3　强化社会公众参与，促进流域共建共治共享

墨累－达令河流域鼓励公众参与流域治理，增强了政府决策过程的透明性、民主性和公平性，减小了新政策执行的阻力，取得了

很好的社会监督管理效果，对整个流域管理目标的达成具有积极的推动作用。相比而言，我国流域管理中社会和公众参与程度偏低。借鉴墨累－达令河流域管理相关经验，我国应进一步完善社会公众参与机制。一是进一步健全流域信息公开制度，及时全面地发布流域政策法规、规划、决策执行情况及开发建设项目等有关信息，更好地保障公众的知情权。二是可探索成立流域公众咨询委员会，积极吸纳利益相关的公民、志愿者组织、企事业单位、各种研究机构和智库参与流域管理决策的全过程，将其意见作为流域管理决策的重要参考，实现政府和社会协同。

9.3.4 建立完善市场机制，提高水资源管理效率

墨累－达令河流域在完善水权制度、培育水权交易市场、规范水权转让的基础上，实现了优化配置水资源、提高水资源利用效率的目的。我国水资源属于国家所有，当前用水权交易市场动力不足，可参考吸收墨累－达令河流域的相关经验，构建符合我国国情的用水权交易体系。一是研究制定加强用水权交易市场建设、交易平台监管等政策性文件，为用水权交易提供政策保障；探索建立用水权交易市场准入、闲置用水权认定、集中收储和处置机制，加快研究用水权交易价格形成机制、第三方和生态影响评价机制，完善配套制度。二是加强取用水计量、水权交易与水量分割监控设施建设，夯实计量基础；积极培育用水权交易市场，用水总量达到或超过控制指标的地区，鼓励政府回购用水权，通过用水权交易解决新增用水需求。三是进一步完善水资源价格形成机制，区分基本需求和非基本需求，居民基本生活用水实施政府保障性定价，非基本需求部

分推行市场定价，以价格杠杆推动节水转型，提升用水效率，增加可交易用水权。通过多措并举，引导和推进流域内、地区间、行业间、用水户间等多种形式的用水权交易，引导水资源有序向高效率、高效益地区和产业流转，进步实现水资源优化配置。

10
系统治理实践要义总结

【编者导读】

系统治理是解决复杂水问题的重要途径，浙江金华市浦江县、台州市天台县，湖南长沙县，湖北十堰市，江西赣州市等地将系统治理理论融入当地治水实践，勇于开拓创新，探索出不同领域系统治理的模式和路径，在统筹岸上与岸下、治水与治山、治水与治林、治水与产业转型、治水与乡村振兴等方面取得良好治理成效，用实践阐释了系统治理的丰富内涵和实践要义。澳大利亚墨累－达令河流域管理坚持可持续发展理念，建立了流域整体综合开发和协调管理模式，实施跨区域、多元主体共同参与的协同治理，为推进系统治水提供了有益参考。总结系统治理实践经验可知，推进系统治理涉及的利益相关方众多，涉及的对象范围广，牵一发而动全身，必须从思路到政策，从实践到管理，全方位加强统筹。

习近平总书记提出了"节水优先、空间均衡、系统治理、两手发力"新时代治水思路，多次强调要统筹山水林田湖草沙治理水，不能就水论水，要用系统论的思想方法看问题，为新时代治水工作提供了科学的思想武器和行动指南。为深入贯彻落实新时代治水思路，准确理解和把握系统治理的实践内涵，水利部发展研究中心围绕系统治理典型实践组织开展了专题调研。综合考虑地理位置、水资源禀赋条件、水问题类型、经济社会发展情况、治理效果等因素，结合国外典型流域管理实践，重点调查分析了浙江金华市浦江县浦阳江（浦江段）治理、茜溪流域治理、梅溪流域治理、天台县塔后村水美乡村建设，湖北十堰市五河流域（神定河、泗河、犟河、剑河、官山河）治理，湖南长沙县水治理，江西赣州市水土流失综合治理，以及澳大利亚墨累-达令河流域综合管理的实践情况，总结其实践内涵，分析水利部门推进系统治理面临的制约因素，研究提出相关政策建议。

10.1 系统治理的实践要义

系统治理作为新时代治水思路的重要组成，是解决新老水问题的重要途径。习近平总书记就治水发表了一系列重要论述，各地水利部门在深入学习的同时，主动把总书记讲话的精神要旨融入当地治水实践，取得了积极成效。浙江省浦江县浦阳江（浦江段）综合整治，用实践诠释了"绿水青山就是金山银山"；十堰市五河流域不辱使命确保实现了"一泓清水北送"；赣州市探索走出了一条具有赣南特色的水土流失系统治理新路子，由昔日的"红色沙漠"逐步转变为今朝的"江南绿洲"；长沙县以治水助力经济社会高质量发展，2019 年跻身全国县域经济与县域综合发展百强第 4 位，成功创建湖南省首个国家级生态县；金华市梅溪流域积极探索以水利引领经济社会发展，把当地历史文化深度融入治水，推动打造"幸福梅溪"；浙江省天台县生动阐释了水美乡村助推乡村振兴的典型实践；澳大利亚墨累－达令河流域在凝聚各方合力推进流域综合治理方面成效明显。各地在推进新老水问题系统治理和综合治理过程中勇于探索、敢于实践，虽然目标各有侧重，方法措施上也是八仙过海各显神通，但是均取得了显著成效，得到当地社会各界的好评，赋予了系统治理丰富的实践内涵。

10.1.1 建立协调机构，是推进系统治理的重要驱动

推进系统治理，除了将单一要素、单一部门的一元治理调整为多要素、多部门的综合整治外，更要建立健全协调机构，破除行政边界和部门职能等体制机制影响，促进各部门间实现资源共享、优势互补、协同推进。浦江县前期在浦阳江（浦江段）流域沿岸关停水晶加工等污染企业过程中，推动工商、税务、消防等部门审查相关企业是否履行相应的行政审批手续，证件是否齐全，剔除违法违规企业；推动环保、住建等部门督促相关企业建设沉淀池，缓解水

污染问题。但终因各部门缺乏统筹谋划与协调配合，未能从根上解决流域水污染问题。最后，在县委县政府的统一协调下，成立了以县政府为主导、县机关部门参与的"五水共治"工作领导小组，探索发展了河长制（开始时称为江段长），强化统一布局和宣传部门的舆论引导，凝聚各方合力推动小水晶作坊关停和产业升级，将有名的"牛奶河""七彩河""垃圾河"治理成了"最美家乡河"。同浦阳江（浦江段）综合治理一样，湖北省十堰市五河流域治理、长沙县的全域水治理、金华市的梅溪流域治理也探索发展或全面推行河长制，强化统筹协调，压实各方责任，在统筹各方治理合力方面发挥了重要作用。实践表明，只有建立健全统一的协调机构和机制，才能在组织领导、政策支撑、责任落实、协调推进方面为系统治理提供强有力的保障。

10.1.2 坚持开拓创新，是推进系统治理的重要抓手

当前，新老水问题相互交织、相互影响、相互叠加，不能再"头痛医头、脚痛医脚"，必须在开拓思路、创新措施上下功夫，找到解决问题的抓手。十堰市紧紧抓住"三个协同"发力，确保了"一泓清水北送"：坚持部门协同，在河长制的统筹协调下，十堰市南水北调办公室、发展和改革委员会、住房和城乡建设局、环境保护局、水利局等部门携手形成了"五驾马车"，组成五个工作督导专班，合力全程推进五河流域系统治理工作。坚持区域协同，实行横向生态补偿制度，所辖10个县（市、区）政府（管委会）每年向市政府缴纳100万元水质保证金，同时市政府每年从环保专项资金中列支用于支持各地地表水环境保护专项资金300万元。政府每年用这1300

万元推行生态补偿，按年度考核奖惩兑现。对年度考核优秀的，十堰市政府全额返还其缴纳的保证金，并给予资金奖励；对考核合格的，市政府全额返还其缴纳的保证金；对考核不合格的，没收其缴纳的保证金，统筹用于奖励考核达到优秀等次的县（市、区）政府（管委会），并予以通报批评。通过实施生态补偿，奖罚结合，在精神上和物质上促进跨区域联动。坚持社会协同，积极谋划与北京排水集团、北京碧水源科技股份有限公司、北京东方园林环境股份有限公司等开展战略合作，探索推行 PPP 模式，有效撬动社会资本参与五河治理。赣州市改变以往"管山不治水、治水不管山、种树不种草"的单一治理模式，坚持山水林田湖草沙是一个生命共同体，整合水利、农业、林草、生态环境等各部门资源，推行"治山保水"，精准把脉水土流失问题根源，通过水土保持以奖代补等手段，采取营造水土保持林、封禁补植等措施，增强水源涵养能力，持续推进小流域治理和崩岗治理，逐渐实现了绿水青山重返人间。实践表明，在水治理过程中，只要敢于解放思想、开拓创新、积极探索、多措并举，就能实现"1+1 > 2"的治理效果。这既是坚持系统治理的内在要求，也是其价值追求之所在。

10.1.3 依托国家重大政策，是推进系统治理的重要途径

国家重大战略和政策是为了实现国家总体目标而制定的战略和政策，既有利于凝聚各方合力，也为各部门各地提供了行动指南。推进水问题系统治理，应充分利用国家战略和政策凝聚合力的优势和作用。南水北调工程作为我国一项重大战略基础设施，事关中华民族长远发展。十堰市地处我国中央山地秦巴山区汉水谷地，是南

水北调中线核心水源区，承担着保障"一泓清水北送"的重要任务，是名副其实的"北方水井"。国务院高度重视五河治理问题，在南水北调中线通水前曾多次作出重要批示，要求抓紧采取措施，务必保证水质安全。在这种背景下，依托南水北调这项重大战略基础设施，为贯彻落实国务院决策部署，从中央到地方，从流域到区域，以及十堰市等有关各方秉持高度的责任感和强烈的使命感，坚持一盘棋思想，以敢为人先的气魄破除体制机制障碍，彻底打赢了五河流域污染治理歼灭战，保证了清水入库、清水北送。长沙县水利部门自2007年以来，抢抓长株潭城市群被国务院批准为"全国资源节约型和环境友好型综合配套改革实验区"的发展机遇，多年来坚持推进"两型社会"（资源节约型、环境友好型）建设，特别是党的十八大以来，以推进生态文明建设为政策契机，并以此作为转变经济发展方式、推进绿色发展的重要着力点，有效整合了各行业、各领域资源，以系统治水助推区域经济社会发展和生态环境保护，创造了良好的县域生态环境质量，成功创建了湖南省首个国家级生态县。实践表明，国家重大战略和政策为凝聚各方合力提供了结合点，水利部门在强化自身顶层设计的同时，也要善抓善用各种战略机遇，为水问题的系统治理提供综合性的政策保障。

10.1.4 实现岸上岸下统筹，是推进系统治理的重要内容

习近平总书记指出，形成今天水安全严峻形势的因素很多，根子上是长期以来对经济规律、自然规律、生态规律认识不够，把握失当。因此，解决新老水问题，还要从问题背后的"原因"着手，按照"问题在水里、根子在岸上"的基本思路，加快从改变自然、

征服自然转向调整人的行为、纠正人的错误行为，统筹经济社会发展和生态系统保护。浦江县全面开展低小散产业、畜禽养殖行业、农村生活污水等整治，关停水晶加工户和污染企业 21520 家、畜禽养殖场 645 家，拆除涉水违章建筑近 15 万平方米。十堰市按照"前端截污治本、中端生态修复、末端治污达标"的总体思路，构建了"截污、清污、减污、控污、治污和管污"综合治理体系。长沙县全面整治农业面源污染，对全县 12 个镇 80 多个村（社区）近 2000 户养殖户猪栏开展治理；加大工业减排力度，对不符合生态环保要求的企业一律不得引进，近年关闭和搬迁 60 多家高污染、高耗能企业，对近 100 家新引进项目实施环保"一票否决"。金华梅溪流域坚持以水定产，打造 1 个绿色文明灌区，建成一批节水型载体，建立健全工业企业行业准入和现状高耗水高污染行业（或工艺）限期淘汰制度，实现生活方式低碳化、产业结构清洁化、经济发展生态化。实践表明，强化水陆统筹，从根上解决水问题之源，是系统治理的内在要求。

10.1.5 坚持共建共治共享，是推进系统治理的重要保障

现代水治理既是政府向社会提供公共服务并依法对有关涉水事务进行规范和调节的过程，也是社会和公众自我服务并依法依规进行自我规范和调节的过程。赣州市几十年来水土流失治理取得的丰硕成果，很大程度上源自其善于调动群众、激励引导群众主动参与治理，特别是结合区域实际，采取以奖代补、先建后补、村民自建等形式，制定"谁开发、谁受益，经营权允许继承和有偿转让""山地入股或租赁他人开发"等优惠政策，大力鼓励社会各界力量、民

间资本投入水土流失综合治理，形成了"政府主导、部门搭台、群众唱戏"的社会办水保的局面，不仅全面拓宽了水土流失治理投资渠道，而且由于群众自主参与工程建设管理，有效解决了后期工程管护难题。调查显示，水土保持以奖代补试点实施以来，赣州市上犹县共引导吸引农业企业、农民专业合作社、村民理事会、专业大户和农户等各类建设主体投入资金 4775 万元，约是政府提供以奖代补项目资金的 1.8 倍，有效发挥了水保财政资金"四两拨千斤"的作用。十堰市五河流域邀请国内大型环保集团参加，以竞争性谈判等方式比选确定治水工艺，并采取先建设后付费的方式。好的技术全面推广，不能达标者退出市场，使得十堰市汇聚了各路治污精英，持续提升了十堰市的治污管污能力。金华梅溪流域将安地镇段的河道统一承包给专业的保洁公司，其余河段则建立长效保洁机制；箬阳乡探索完善了 14 个村的环境治理村规民约，通过村民自治，实现了河道卫生的长效管护；岩头村以水文化为纽带，将流域治理与当地民间信仰、民间习俗、民间文学等文化深度融合，促进社会和公众主动参与流域系统治理。实践表明，加强社会治理，促进公众参与，不仅有利于解决"小马拉大车"问题，还有利于形成政府主导、社会协同的良好工作格局。

10.1.6　既转思路又想出路，是推进系统治理的重要方向

推进新老水问题系统治理，不仅要求地方政府及水利部门转思路，充分调动各方参与的积极性，更要想方案、想对策，为百姓谋出路。浦阳江（浦江段）的治理曾经历了 2006—2007 年浦江县老百姓对关停水晶加工等污染企业的不理解，并遭受了挫折。面对困

难，浦江县委县政府及水利等有关部门痛定思痛、着眼长远，在关停和拆违的同时探索经济转型和升级，投资 20 亿元建设东、南、中、西 4 个中国水晶产业园，推动水晶产业从低端向高端转变，从根本上解决了"水污染源头"和"经济发展路子"问题，实现了老百姓对地方政府的高度认同。"泉自政府来，甘在群众心；鱼水情谊深，共奔小康村。"浦江老百姓以朴实的话语表达了对浦江县委县政府的感激、感恩之情。赣州市坚持生态保护与开发治理并举，探索出"治理一条小流域，建设一个示范基地，扶持一批大户，培育一个产业，致富一方百姓"的"五个一"做法，大力发展小流域生态经济。在水土流失治理过程中，截至 2020 年上半年，全市累计兴建以发展脐橙、油茶为主的种植基地 2200 多个，种植经果林 5.5 万余公顷，逐渐形成"人养山、山养人""人养水、水养人"的水土流失治理新格局，带领群众走出了一条脱贫致富的道路。金华市和天台县以水美乡村为导向，探索推动水利从支撑经济发展向引领经济发展转变。其中，金华市以梅溪全流域生态治理为抓手，不仅将治理起点安地镇纳入省级小城镇建设示范镇，还依托梅溪生态廊道先后完成沿岸 11 个精品村建设，大力发展乡村旅游经济、民宿经济，为村民带来了可观的收入。其中，岩头、喻斯更是成了远近闻名的"网红村"。优美的环境在吸引人气的同时也催生了 20 余家民宿、农家乐，为当地农民从农业向服务业的发展，从乡村农业向现代农业的转型提供了有力支撑。天台县塔后村依托水美乡村建设，深挖水生态产品价值，促进"水农旅"融合发展，深刻阐释了新发展理念的生动实践。实践表明，通过转思路、想出路，既实现了水治理思路和目标，更实现了经济社会的可持续发展。

10.2 水利部门推进系统治理面临的制约因素

水利部门作为贯彻落实新时代治水思路的中坚力量，近年来多措并举，在统筹山水林田湖草沙治理方面，与有关方加强沟通协调，取得了积极进展。但是，调研中也发现水利部门在推进水问题系统治理过程中仍面临一些制约因素，影响系统治理效果。

10.2.1 体制机制方面

受职责分工等多种因素影响，体制机制问题是推进系统治理最大的掣肘。水利部门在推进系统治理实践中，不同程度地存在协调难等问题。河湖长制的全面推行为水利部门推进系统治水提供了齐抓共管平台，但在一些地方仍存在河湖长职责虚化、河湖长制办公室水利部门化问题，以致系统治理涉及的河湖治理、水资源管理、工程建设、土地利用、生态保护、文化融合、公园景观等多项内容，缺乏相应的协调机制和政策保障，特别是对于生态治理资金和用地等内容的协调，更是存在较大困难，影响流域综合治理或山水林田湖草沙系统治理的推进。

10.2.2 制度建设方面

地方主要反映了两方面的问题：一是顶层制度设计滞后，《水法》《河道管理条例》等国家层面的法律法规年久失修，以致地方在开展立法时陷入被动，难以将系统治理需要各方协同发力的职责写入地方性法规。在职责未法定的情况下，系统治理的统筹推进也就成了一事一议，影响实施效果。二是水利工程后期管护标准偏低，特别是与高标准幸福河湖建设相比，水利项目不仅可投入生态景观的资金比例较低，而且幸福河湖的维修养护定额标准也明显偏低或者没有，难以满足幸福河湖后期管护要求，影响水利良性发展机制的构建。

10.2.3 行业监管方面

地方普遍认为，适应治水主要矛盾变化，各地不断加强水利行业监督管理，在凝聚各方力量推进水问题系统治理方面发挥了重要作用，今后应继续深入贯彻落实。但同时也有地方反映，水利部门在强化行业内上下级监管的同时，在对社会和地方政府的监管方面还不同程度存在一些短板，以致地方水利部门在问责环节承担了过多的"行业"责任，对其他部门应该承担的责任则没有办法去追责，影响水利部门在治山、治林、治田、治草过程中推动落实治水要求，山水林田湖草沙系统治理效果也就深受影响。

10.2.4 基层能力方面

调查显示，与繁重的新老水问题系统治理任务相比，基层治理能力欠缺问题还不同程度地存在。一是基层管理人员不足。一些地方因机构改革，县级水利部门被合并，乡镇一级不再单独设立水管站，一个乡镇可能没有一个专业人员。二是管护经费保障不足。不仅一些县、乡（镇）级财政保障能力有限，许多地方的村级集体经济也较薄弱，河湖和工程的建后维护难以获得有效保障。三是监管手段滞后。一些地方受财力有限等因素影响，信息化和数字化建设难以跟上，让本就捉襟见肘的基层管理更是难上加难。在这种情况下，"小马拉大车"问题将会长期存在，系统治理之上下联动、协同发力很有可能在一些地方就成了一句口号。

10.3 相关建议

总结系统治理典型实践经验可知，推进系统治理涉及的利益相关方众多，涉及的对象范围广，牵一发而动全身。因此，必须从思路到政策，从实践到管理，全方位加强统筹，做好、做实、做足系统治理这篇文章。

10.3.1 转思路想出路

党的十九届五中全会强调要坚持系统观念，更好地发挥中央、地方和各方面的积极性。水利部作为国务院组成部门，代表党中央和国务院履行水利行业监督管理职责，应跳出水利看治水，加强全局性谋划，依托"完善生态文明领域统筹协调机制"的政策契机，以强化流域综合管理为途径，以河湖长制为平台，以最严格水资源管理制度考核为抓手，促进地方各级人民政府严格落实相关主体责任，破解体制机制制约瓶颈，充分调动中央和地方、流域和区域参与水治理的积极性和主动性。以此为驱动，立规矩、树标准、划红线，促进地方各级人民政府和水利等有关部门统筹抓好治水与治山、治水与治林、治水与治田、治水与治草，坚持生态优先，推动经济社会发展转型升级，真正实现生态系统保护和经济社会发展双赢。

10.3.2　出政策明方向

在国际形势风云变幻之际，我国即将开启全面建设社会主义现代化国家新征程，机遇与挑战并存，在顶层设计上出台新政策新思路、科学谋划好水利事业发展方向十分重要。展望新发展阶段，我们应深入贯彻党中央、国务院决策部署，坚持新发展理念，服务构建新发展格局，紧紧围绕高质量发展这个主题，在推动完善《水法》《河道管理条例》等涉水法律法规的同时，紧紧抓住加快打造"幸福河湖"这个战略契机，坚决落实"建立水资源刚性约束制度"相关要求，积极谋划在"幸福河湖""水资源刚性约束制度"等方面出台能够统筹有关各方合力的纲领性文件；在水利投入、水价改革、水利工程管护标准、水域岸线和砂石资源综合利用与保护、行业监管等方面强化顶层设计，为地方推动水利事业高质量发展明方向、留空间，为地方建制度、出实招提供依据，真正实现上下联动。另外，治水要善抓机遇，积极依托长江经济带、黄河流域生态保护和高质量发展、大运河和黄河国家文化公园、国家适应气候变化战略、国土绿化、荒漠化防治、全国重要生态系统保护和修复重大工程等国家重大战略和政策，科学谋划并推动出台统筹山水林田湖草沙的治水方案，为推进系统治水提供依据和保障。

10.3.3　促创新谋发展

我国水利改革已进入深水区、攻坚期，以创新求突破是推动水利事业高质量发展的客观需要。为此，我们应积极主动求变和想出路想对策，坚持两手发力，在制度设计上着力，在机制建设上突破，在资源综合利用上想办法。推动建立健全水资源资产调查、配置、流转、收益、监管等关键环节的相关制度，因地制宜依托市场机制探索盘活水域岸线和河道砂石资源的经济价值，并有效回馈河湖保护和工程管护。加快建立水生态产品价值实现机制，坚持纵向与横向、补偿与赔偿、政府和市场相结合，建立健全水生态纵向补偿机制，鼓励地方以水量和水质为补偿依据，完善横向生态补偿机制，实现流域上下游和左右岸均衡发展；建立并充分运用生态环境损害赔偿制度，依托水生态产品价值核算，授权地方政府作为赔偿权利人，对造成水生态水环境损害的违法者追究损害赔偿责任，压实地方政府的水生态保护职责，倒逼各方切实贯彻绿色发展理念。

10.3.4 强社会释活力

习近平总书记指出："社会治理是一门科学，管得太死，一潭死水不行；管得太松，波涛汹涌也不行。"当前，水利部门应加强社会治理特别是基层治理，对一些领域普遍存在的问题或者因主动作为发生的偶尔意外，应通过制度规范和强化责任意识来消除，而不是简单的问责追责。在政策制定和治理实践中，要问需于民，问计于民，在调动社会力量参与水治理上下功夫，不大包大揽，通过以奖代补、购买公共服务、明晰产权和搞活经营权、有奖举报等手段和措施，促进社会和公众参与河湖管护、工程管护等，强化社会监管，充实水利基层和社会治理力量。应在流域水文化的保护、挖掘、传承、弘扬上想办法，把地域文化元素深度融合到流域系统治理各领域、各环节，回归百姓心灵最深处，既留得住绿水青山，又让百姓记得住乡愁。应充分发挥宣传教育的引导作用，通过新闻、报纸、微信、微博等多种方式，在舆论上广泛宣传水资源的重要意义和开展水问题系统治理的紧迫性等，营造良好的社会氛围，培养广大人民群众节水惜水爱水护水的好习惯，推动实现"要我治水"到"我要治水"的转变。通过政府引导，释放社会活力，加快形成共建共治共享的新格局。

后　记

　　"节水优先、空间均衡、系统治理、两手发力"治水思路是习近平总书记在纵览中华民族五千年治水史，准确把握治水规律和当前治水阶段性特征的基础上，着眼于更好保障国家水安全做出的重大科学论断，彰显了对我国新老水问题交织严峻形势的准确研判，是新发展理念在治水专业领域的指导思想，是推动新阶段水利高质量发展的科学指南。

　　坚持和落实系统治理，是深入学习贯彻习近平总书记"节水优先、空间均衡、系统治理、两手发力"治水思路的重要内容，它既具有自身特性，强调基于水与其他生态要素的唇齿相依关系，要求立足生态系统全局统筹谋划治水方法和措施，同时又与"节水优先、空间均衡、两手发力"共同构成了一个逻辑严密、不可分割的有机整体，相互依存、相互促进，为解决新老水问题提供了新的治理之道。

　　本书分为"学习领会篇"和"实践探索篇"，从学习和实践两个方面介绍了编写组对"系统治理"的理解，主要适应于广大水利工作者或者密切关心水利工作的社会大众。鉴于学习践行"节水优先、空间均衡、系统治理、两手发力"治水思路是一个动态发展并不断深化的过程，我们对系统治理的每一篇学习领会和实践探索在一定程度上都呈现阶段性特征，体现了我们在不同时间段的研究重点和方向，后续我们会继续深化这方面的学习理解和实践经验总结。

习近平总书记"节水优先、空间均衡、系统治理、两手发力"治水思路内涵深刻，同时又在实践中不断丰富发展。本书对系统治理的学习领会和实践探索仅仅是一个开始，由于水平有限，还存在一些不足，诚挚欢迎广大读者提出宝贵意见和建议，以利于我们更好地学习、领会、贯彻、落实。

本书编委会

2023 年 7 月